hommes & montagnes

Première de cordée

Photographie de couverture : © Jean-Jacques Rolland

Prépresse et fabrication : Glénat Production

Couvent Sainte-Cécile
37, rue Servan – 38000 Grenoble
www.glenat.com

ISBN : 978-2-344-04479-7
Dépôt légal : avril 2021
Seconde édition : juillet 2021

PEFC PEFC/14-38-00302

Martine Rolland

—

Première de cordée

Glénat

À mon compagnon bien-aimé
et à nos deux fils, Yann et Jonathan

J'irai au bout de mes rêves
Tout au bout de mes rêves
J'irai au bout de mes rêves
Où la raison s'achève
Tout au bout de mes rêves
(...)
Et même si les tempêtes
Les dieux mauvais, les courants
Nous feront courber la tête
Plier genoux sous le vent

J'irai au bout de mes rêves
Tout au bout de mes rêves (...)

Jean-Jacques Goldman, *Au bout de mes rêves*

Préface

Dans son livre, Martine Rolland cite Lionel Terray : l'alpinisme est le symbole de « ***la conquête de l'inutile*** ». Pour autant :

– **Est-ce inutile** d'avoir une passion d'esthète et de montagnard de haut niveau ? De découvrir ses énergies de vie, la beauté, alors que le tout *additionné*, donc *addictif*, donne une joie imprenable ? Se découvrir dans l'effort soutenu, repousser ses limites, acquérir la confiance en soi et une confiance absolue dans son compagnon, c'est la conquête de la liberté.

– **Est-ce inutile** d'être la première femme guide de haute montagne en juin 1983, ouvrant ainsi aux autres femmes la voie d'accès à une profession jusqu'alors exclusivement masculine ?

« Je sais aussi que pour réussir en tant que femme dans ce métier masculin, il me faudra être encore plus performante que beaucoup de candidats », écrit Martine.

– **Il n'est certes pas inutile** de faire aboutir ses projets et volontés essentiels, comme le fait ***la cordée*** Jean-Jacques/Martine. En effet, cette équipe-là me semble avoir TOUT réussi : vie, couple, famille, métiers de la montagne, épanouissement personnel.

« Je me rends bien compte que j'ai de la chance de pouvoir grimper en tête car dans tous les couples que nous rencontrons, la femme est toujours en second », écrit Martine.

Chacun dans ce couple est complémentaire de l'autre. Ils partagent tout, au point que, en lisant ce livre, je ne peux pas envisager l'un sans envisager l'autre. Leur complicité s'est renforcée, ainsi que leur désir de vivre ensemble dans des échappées insolites par, avec et en la montagne. « Cet univers que mon mari m'a fait découvrir est devenu pour nous une passion commune qui a guidé tous nos choix. »

– Dans la « cordée réversible » de Martine et Jean-Jacques (un peu comme le fil d'or d'Ariane qui les guide), un autre accomplissement est en filigrane. Cette victoire va à l'encontre de l'inutile. Elle est essentielle, sans triche et je veux en témoigner. Il s'agit de l'heureuse acquisition des qualités humaines par l'intelligence du cœur, tout simplement. Moi, quand je vois ça, je craque !

Ce fut un réel plaisir de lire cette biographie, facile à suivre, avec ses images, ses sensations, ses circonstances et atmosphères très précises et évocatrices pour moi. L'écriture est fluide, technique parfois, mais au bon sens du terme car la pratique de la montagne place l'être humain en face de lui-même et l'engage dans sa totalité, c'est-à-dire corps, esprit… et technique.

« Cela continuera, tant que nous le pourrons avec nos petits-enfants à qui il était important que nous léguions, ainsi qu'à nos proches, un écrit de tout ce qui a constitué notre vie. »

Jean-Pierre Frésafond
Président du GHM (Groupe de haute montagne)
de 1984 à 1990
Chef d'expédition en 1975 au Gasherbrum 2
(8 035 mètres) et en 1979 au Nanga Parbat (8 125 mètres)

Dessin de Plantu paru le 10 novembre 1979
dans le journal *Le Monde* illustrant l'article
d'Alain Faujas « Martine chez les guides de haute montagne »

Descendre ou monter ?

« OK ! Coupez ! » Le vrombissement du moteur de l'avion décroît sensiblement quand je m'approche de la porte tandis que le vent me gifle le visage. C'est un moment intense... Le sol se réduit à quelques carrés cultivés 2 000 mètres plus bas. Ma concentration est maximale et l'excitation que je ressens est partagée entre une poussée d'adrénaline jubilatoire et la nécessité de bien faire : s'élancer dans le vide en bonne position, les bras en croix pour s'équilibrer en cherchant un appui sur l'air. Le fracas du moteur et le souffle du vent sont insupportables. D'un geste de la main, le moniteur me fait comprendre que tout va bien. Alors, je saute !

Le bruit du moteur s'estompe immédiatement, mais la chute est brutale et l'air me fouette le visage avec violence. J'essaye de rester bien positionnée et je cherche d'abord la cible tout en bas, puis je me tourne face aux binoculaires car des yeux suivent ma chute et je dois leur montrer le meilleur : à plat ventre sur l'air, les bras en croix et jambes écartées, je rectifie ma position. Maintenant je me sens mieux, le choc de la sortie de l'avion est passé et j'ai un bon appui. J'enfonce très légèrement un bras et je fais un tour à droite. Je reste une seconde immobile, puis réattaque un tour à gauche grâce à une légère dissymétrie des bras. J'enchaîne un looping en fermant les bras, puis je recommence une autre série. Le sol commence à grossir vraiment vite. Un coup d'œil à l'altimètre : 900 mètres, c'est bon... J'attrape la poignée et je tire de toutes mes forces. Ce sont les secondes les plus longues... puis c'est le choc à l'ouverture du parachute, la sensation que le corps explose.

D'un coup, plus de bruit, je me balance légèrement dans l'air sous un parachute multicolore qui me descend doucement vers les champs. C'est un moment de pur bonheur après ces secondes folles que je viens de vivre. Je les recherche, ces moments intenses, le vide qui annule tous nos repères habituels, le plaisir à la limite de la peur... Toutes ces émotions fortes, je les ai imaginées pendant mon adolescence : sauter dans le vide, se déplacer dans l'air, apprivoiser mes gestes en pleine vitesse, rejoindre mes compagnons en pleine chute pour faire des figures ensemble, je voulais en faire ma voie.

Depuis deux ans, tous mes loisirs y sont consacrés, mais c'est sans compter avec la rencontre qui va bouleverser ma vie et m'obliger à faire un choix. Ma passion est de me jeter dans le vide et de descendre à toute allure. Pour l'alpiniste que je vais rencontrer, c'est l'opposé : monter vers les sommets en évitant la chute. Que va devenir ma vie : descendre ou monter ?

Racines

Je suis originaire d'Amplepuis, berceau de mes parents, situé à proximité de petits sommets couverts de sapins, au relief peu accidenté et assez monotone à mon goût. Je suis encore toute petite lorsque nous quittons cette bourgade du Lyonnais pour Nancy, où mon père, ingénieur soudeur, a trouvé un travail. Je m'entends très bien avec ma sœur Nicole, de deux ans plus âgée que moi, qui sera ma complice et ma confidente. Je suis un peu garçon manqué, et des deux, c'est sans doute moi la meneuse. Nicole est très gentille et attentive aux autres, elle deviendra d'ailleurs infirmière, puis puéricultrice. Trois ans après moi, un garçon vient compléter la famille. Alain a un caractère assez affirmé. Il prendra l'habitude de s'enfermer dans sa chambre pour écouter, démonter, réparer, inventer des postes de radio et deviendra ingénieur du son.

Vers ma huitième année, nous déménageons pour nous installer à Grenoble, dans cette ville entourée de montagnes : la chaîne de Belledonne, le Vercors, la Chartreuse. C'est le rêve de mon père qui s'est imprégné des lectures d'alpinistes célèbres de l'époque : Frison-Roche, Bonatti, Terray, Herzog... Avec maman, ils sont partis en voyage de noces juste après la guerre à Villar-d'Arène, au cœur du massif des Écrins. Ils en ont gardé un souvenir éblouissant.

Papa, qui n'a pas le passé d'un montagnard, admire surtout les montagnes depuis la vallée, car il est très occupé par sa famille et à construire notre maison, ce qui lui prendra plusieurs années. Mais il découvre le ski et nous partageons, en famille, nos premières chutes dans la neige, les remontées en canard sur les petites bosses et l'ivresse de se sentir glisser. Ma mère n'est pas très téméraire et reste vite en dehors de nos sorties. Pour moi, ce sont des moments fantastiques car je suis très attachée à mon père et j'attends avec impatience le week-end pour partir dévaler les pentes avec ma sœur et mon frère. Nous sommes les rois de la « resquille » n'achetant souvent qu'un forfait de ski pour deux en nous le passant après le contrôle. Parfois même, papa, une fois sur le téléski, me prend en route pour remonter avec lui, en me tirant avec son bâton...

Un peu plus tard, au lycée, pour étancher mon besoin d'activités, mes parents m'inscrivent à la section ski alpin du CAF, le Club alpin français. Je suis également adepte de la natation, ce sont des centaines de longueurs que je réalise à la piscine avec un club. J'aime nager et faire de longs efforts, mais ma participation à quelques compétitions ne me donne pas envie de m'investir dans un entraînement fastidieux.

Durant les grandes vacances, avec Nicole, nous préparons minutieusement pour toute la famille des voyages en voiture, à la découverte de pays étrangers, de sites antiques et archéologiques, de villes au passé culturel prestigieux. Ainsi, nous visitons l'Italie, l'Espagne, l'ex-Yougoslavie, la Grèce, la Turquie. Ce sont des voyages sans grand confort, avec camping souvent improvisé, et c'est cela qui me plaît.

Ma mère me pousse à choisir le secrétariat comme métier, pour elle, « il mène à tout ». Je ne suis pas très motivée, mais finalement je fais un BTS de secrétariat trilingue, avec l'idée de devenir interprète ou hôtesse de l'air, en tout cas, de voyager.

J'ai aussi le désir très fort de sauter en parachute, sans doute déclenché par une démonstration à laquelle j'assiste lors d'un meeting aérien. Ma mère n'étant pas du tout d'accord pour que je me jette dans le vide, il faut que j'attende ma majorité. Dès que ce cap est franchi, j'entraîne une copine avec moi au Para-club de Saint-Étienne-de-Saint-Geoirs, puis rapidement ma sœur Nicole qui a envie de nous imiter, au désespoir de notre mère qui ne comprend pas du tout notre passion.

Le matériel que nous utilisons, qui vient de l'armée, n'est pas très sophistiqué. Les premiers sauts se font avec ouverture automatique, c'est-à-dire que le parachute est accroché à l'intérieur de l'avion par une lanière et un petit fil qui casse quand l'utilisateur a sauté, ce qui ouvre le sac du parachute et fait gonfler la voile. Une fois le parachute déployé, il n'y a aucun moyen de le diriger et le parachutiste reste tourné dans le même sens pendant la descente. Lors de mon premier saut, j'atterris dans un arbre que je ne peux éviter et je reste suspendue aux branches en attendant que quelqu'un vienne me décrocher !

Après quelques sauts où j'apprends à bien me positionner dans l'air à la sortie de l'avion, vient le premier « commandé » où je dois moi-même tirer la poignée pour l'ouverture du parachute ! Je me souviendrai toute ma vie de ce moment privilégié, qui signe l'aboutissement de mon rêve d'adolescente et la marque de confiance des instructeurs qui me laissent faire ce geste susceptible de mettre ma vie en danger. Cette excitation intense que je ressens face à un risque important sera présente tout au long de ma progression au fil des sauts, et a probablement contribué à construire mon engagement physique et moral dans les grandes ascensions en montagne que j'effectuerai plus tard. Je participe alors à quelques compétitions et je décroche une troisième place aux championnats de France.

Été 1969 : avec ma sœur Nicole, ma meilleure amie Odile et son copain François, nous partons en 2CV pour une équipée pleine de surprises au Maroc. Vu l'état de la voiture, le voyage nous réserve pas mal de péripéties, entre les pannes, les rencontres avec les autochtones et les traversées de montagnes sur des mauvaises pistes. C'est une vraie aventure loin des parents. François me parle souvent de son meilleur copain, Jean-Jacques, un alpiniste passionné ; il est persuadé que je m'entendrais très bien avec lui. À notre retour, il me le présente alors que celui-ci rentre d'une expédition en Afghanistan où, après un voyage en voiture à travers l'Europe puis la Turquie et l'Iran, il a gravi un sommet de presque 7 000 mètres dans la région du Wahran aux confins des frontières russe, chinoise et pakistanaise.

Je suis impressionnée et admirative car ce petit homme énergique est déjà aspirant guide, l'un des plus jeunes de sa promotion, et c'est un très bon grimpeur. Très vite, il cherche par tous les moyens à me séduire. Il a un besoin vital de « montagne » sous toutes ses formes et il n'est pas prêt à faire des compromis. De mon côté, je suis attirée, puis subjuguée par ce qu'il me fait découvrir. Toutes nos rencontres sont marquées par des aventures qui me semblent extraordinaires.

Première escalade au mont Aiguille, un bastion rocheux détaché des raides parois du Vercors… De loin, cette forteresse de plusieurs centaines de mètres semble inexpugnable, mais une fois sur place je me rends compte qu'une paroi, loin d'être lisse, est pleine de recoins, grottes, surplombs, failles gigantesques. Il faut s'y faufiler et chercher le chemin le plus facile. Encordée avec mon guide, je me laisse conduire, totalement confiante. Déboucher au sommet du mont Aiguille est un moment magique… Non seulement je suis fière et étonnée d'y arriver sans trop d'efforts, malgré la peau des doigts et des genoux écorchée, mais la vue est à couper le souffle : nous sommes juchés sur un petit plateau en pente douce, couvert d'herbe et de fleurs, qui se termine par des falaises abruptes de tous côtés ; à l'horizon, des milliers de sommets de toutes formes, de grandes parois rocheuses côté Vercors et, au fond, le mont Blanc, inaccessible, qui me fait déjà rêver… Un jour, peut-être, m'emmènera-t-il ?

Au retour du week-end, nous passons chez son copain remettre dans sa boîte aux lettres un à un les mousquetons empruntés, pouffant de rire à chaque bruit insolite que provoque leur chute.

Premières courses

Col de l'Échelle, Névache (Hautes-Alpes) –
31 décembre 1970

Lentement, le jour décroît et le froid se fait plus vif. L'épais matelas immaculé qui recouvre les alpages et les pins tordus étouffe les moindres bruits et j'ai l'impression de vivre dans un rêve silencieux. Nous montons depuis le début d'après-midi, ouvrant avec nos skis un profond sillon dans la couche de neige épaisse et inconsistante. Ivresse de blancheur et de solitude…

Je découvre à chaque pas un plaisir étonnant et toujours renouvelé : mélange subtil entre le sacrilège de détruire ainsi une surface si belle et si parfaite et l'affirmation de notre puissance dans ce milieu étrange. La neige, qui est tombée en abondance ces derniers jours, crée un monde féerique. Les pins croulent sous un épais manteau, les rochers sont plaqués de neige et toutes les montagnes autour de nous forment un univers blanc infini. Je ne sais pas où je vais, guidée par mon compagnon, mais je découvre le monde de la montagne hivernale et je suis émerveillée. Je vis une grande aventure et je n'imagine pas ce jour-là qu'elle va se poursuivre durant de longues années.

En fin de journée, nous installons notre petite tente de bivouac. Le vent du nord s'est levé, comme chaque fois après une chute de neige. Il annonce le grand beau pour demain et l'année nouvelle. Nous nous sommes posés à l'entrée du tunnel, sur la route qui descend en Italie. Une énorme congère nous protège des rafales. Le thermomètre va probablement descendre autour des - 25 °C cette nuit. Notre espace, pour passer cette soirée du réveillon, est minuscule, à la dimension de nos deux corps allongés. Mais, bien installée dans mon duvet, les pieds au chaud, je me laisse envahir par une douce torpeur. Cette vie me plaît, par son imprévu, les grands espaces qui s'offrent à moi, la beauté sans cesse renouvelée de la nature dans laquelle nous évoluons et la relation intime qui se crée avec mon compagnon du fait de notre isolement. Pourquoi sommes-nous venus là, au bout du monde ? Pourquoi cet attrait et cette passion pour la montagne qui nous emplit chaque jour davantage et qui scelle notre amour ? Je n'ai pas encore les réponses, mais il faut laisser les années et les souvenirs suivre leur cours…

Au matin, le vent s'est calmé et le beau temps est là, mais les crêtes des montagnes ourlées d'un panache blanc laissent deviner que le vent souffle fort en altitude. Nous marchons depuis une heure et traversons une vague combe. J'ai le nez sur mes spatules et le brusque arrêt de J.-J. me tire de ma rêverie. Je lui marche sur les skis :

« Qu'est-ce qu'il y a ?

– Regarde ! » me crie-t-il alors en me montrant les flancs de la montagne, cinq cents mètres plus haut : sur plusieurs centaines de mètres de largeur, une immense pente de neige vient de se décrocher, comme coupée par un énorme couteau. Mon compagnon a pressenti le danger au moment où la neige s'est légèrement affaissée sous ses skis, répercutant des centaines de mètres plus loin le tassement entre deux couches différentes.

« Mais, elle vient droit sur nous ! »

Un nuage de poudreuse monstrueux grossit de plus en plus en descendant et se dirige à toute vitesse vers le vallon où nous sommes arrêtés.

« Ne bouge pas ! » me crie-t-il.

Qu'aurais-je fait de toute façon ? Telle une mer déchaînée, le flot de poudre bouillonnant est déjà sur nous. Dans un brouillard piquant de mille flocons de neige minuscules, J.-J. m'a saisie dans ses bras, et, tous deux serrés, tournant le dos au fléau, nous attendons d'être engloutis. Suis-je en train de vivre ma dernière seconde ?

« Elle passe de chaque côté… »

C'est vrai, le gros de l'avalanche s'est séparé en deux, nous isolant sur un vague mamelon qui nous a sauvé la vie… Le danger est passé. Nous secouons en riant la neige qui s'est infiltrée partout. Nous l'avons échappé belle et j'ai les jambes toutes molles. Je viens de vivre ma première grande peur en montagne. Pourquoi sommes-nous encore en vie alors que rien ne semblait vouloir arrêter les éléments déchaînés ? Nous avons eu une chance incroyable.

« On va rentrer… » C'est la parole du soulagement et de la fin de l'aventure qui se termine bien. Mais ce jour-là, nous avons découvert une complicité qui marquera toute notre vie commune d'alpinistes. Nous avons sûrement échappé ensemble à la mort, ce qui, loin d'être un frein dans notre désir commun de vivre des aventures en montagne, est pour nous un signe que nous sommes liés pour la vie. Peut-être faudra-t-il que nous soyons plus prudents à l'avenir si nous voulons vivre longtemps…

La montagne devient une passion commune

« Faire de la montagne » est devenu notre passe-temps favori. À l'époque, cette expression englobe des activités dont l'objectif est de réussir de belles courses, si possible difficiles. L'escalade permet ainsi d'apprendre et de perfectionner une technique pour pouvoir ensuite grimper de grandes faces rocheuses dans les Préalpes ou dans les plus hauts massifs des Alpes. On commence par des petites voies, de difficulté croissante. Mon guide grimpe en premier, cherche l'itinéraire au mieux, s'élance dans les passages durs avec beaucoup de détermination. Il a une aisance incroyable sur le rocher, que j'admire beaucoup : quand c'est mon tour d'y aller, je me demande comment il a pu passer et je suis contente d'être bien assurée par la corde. Parfois il rajoute des pitons, que j'enlève lors de mon passage. Le second de cordée – rôle qui m'est réservé puisque je suis débutante – doit taper les pitons dans tous les sens pour les faire sortir, mais aussi démêler sans cesse la corde. Quand j'arrive au relais, mon compagnon me fait passer un gros tas de corde et s'élance dans la longueur suivante. À moi maintenant de l'assurer et de la faire filer rapidement tout en défaisant les nœuds et en veillant à ne pas la laisser glisser plus bas dans la paroi où elle risque de rester accrochée. Les descentes s'effectuent pratiquement toujours à pied car le rappel demande d'avoir de bons relais équipés, ce qui n'est pas toujours le cas. En plus il faut passer la corde entre les jambes et sur l'épaule et la faire coulisser en descendant. Bonjour les brûlures au cou si on n'a pas un vêtement qui nous protège ! Les descendeurs ne sont pas encore inventés…

Toutes nos sorties en montagne ont aussi pour but de s'entraîner, c'est-à-dire acquérir une forme physique à toute épreuve : pouvoir marcher plusieurs heures, dans des conditions parfois pénibles – avec du vent ou par grand froid – et un sac lourd, l'hiver avec les skis, l'été sur de hauts sommets. Nous habitons Grenoble et nous sommes donc à pied d'œuvre. Le Vercors est un terrain de jeu idéal pour l'escalade avec des voies de toutes difficultés y compris les grandes parois célèbres du Sud, telles Glandasse ou Archiane. Nous quittons régulièrement le bassin grenoblois pour aller grimper dans des sites mythiques. Dans les Calanques, c'est le pur plaisir avec la Méditerranée en toile de fond. Les Dolomites m'impressionnent par leur raideur, mais le rocher, même vertical, offre une multitude de prises. L'Oisans est le terrain d'entraînement par excellence avec ses longues approches. Quant au massif du Mont-Blanc, il reste l'objectif ultime où toutes les grandes courses classiques prestigieuses nous font rêver. Je suis devenue la cliente privilégiée de mon guide qui me fait brûler les étapes pour pouvoir partager ses courses. Toujours partante, je veux le suivre absolument et je suis prête à toutes les folies où il m'entraîne.

***

Deux heures sonnent au clocher de l'église toute proche. Je vais encore une fois être en retard au boulot… Je suis avec J.-J. dans les falaises de Fontaine, en banlieue grenobloise, à la fin d'une longueur d'escalade ; et notre pause-déjeuner, occupée à grimper, va devoir être prolongée par une descente jusqu'au pied de la voie, puis par une course éperdue en 2CV, pour retrouver un travail qui ne me passionne guère et ne m'offre pas la vie aventureuse dont je rêvais.

Je suis toujours d'accord pour partir en pleine nuit faire un couloir de neige ou aller bivouaquer sur les marches au pied du téléphérique de l'aiguille du Midi pour prendre la première benne. J.-J. me surprend chaque fois par son imagination débordante, ses projets infinis et même par une descente en rappel mémorable depuis le balcon de notre appartement au troisième étage où je l'avais malencontreusement enfermé... Ski de rando, escalade rocheuse, cramponnage sur des glaciers ou longue marche pour gravir un beau sommet, ce sont de merveilleux souvenirs que nous nous forgeons, qui m'aguerrissent et me préparent pour de grandes courses que nous échafaudons ensemble. Sa passion pour la montagne est devenue pour nous deux une manière de vivre.

Nous nous marions sous la neige, en janvier 1971, et le lendemain nous gravissons le pilier sud de la Dent de Crolles, profitant d'une belle journée ensoleillée. Toute la chaîne de Belledonne, couverte de neige, scintille de mille feux, l'air est immobile, une chaleur printanière nous entoure... Nous nous imprégnons de ce spectacle que nous voulons graver en nous pour toujours et qui renouvelle notre promesse que nous espérons pour la vie.

Sommet des Agneaux, un dimanche de février 1971

17 heures. Les rayons du couchant ourlent les nuages d'une lumière dorée. Déjà, la vallée de La Grave a disparu dans une brume crépusculaire. Le ciel, bien chargé de nuées, prend vers l'est une teinte noire qui annonce la nuit prochaine. Le froid est vif et me transperce, je suis humide de transpiration. Notre isolement est total. Nous sommes au sommet des Agneaux dans le massif des Écrins et la nuit sera là dans moins d'une heure. À peine quelques vivres de course et une gorgée glaciale de la gourde avalées, mon compagnon me presse pour descendre, mais je voudrais arrêter cet instant, le sacraliser dans sa majestueuse et éphémère beauté. C'est à la fois la récompense

de nos efforts et le moment où tout peut basculer, car c'est sûrement une folie d'être seuls sur ce sommet en plein hiver alors que la nuit va tomber…

Nous venons de passer de longues heures dans le couloir Piaget à batailler dans cette glace pourrie qui nous a empêchés d'avancer rapidement. Des heures qui ont semblé interminables à cause du froid et de l'inquiétude liée au temps incertain. Déjà, ce matin, avant de quitter notre petite tente de bivouac installée dans la neige au pied du couloir, nous avons longuement hésité avant de l'attaquer car il y avait beaucoup de nuages et la neige menaçait. Nous avons commencé l'ascension très tard, longtemps après l'arrivée du jour. Finalement, le temps a semblé se stabiliser, avec une lumière diffuse et uniforme, comme une vraie journée d'hiver et petit à petit nous avons atteint la Calotte des Agneaux.

Nous redescendons vers la vallée déjà dans l'ombre, laissant derrière nous des traces bien profondes. Heureusement que J.-J. a déjà fait plusieurs fois cette descente. Nous retrouvons nos skis et le matériel de bivouac laissés près du pied de la face juste avant d'être rattrapés par l'obscurité totale. Mon compagnon me laisse entrevoir une nuit au refuge d'hiver de Villar-d'Arène et je commence à rêver de pouvoir me mettre au sec pour quelques heures. Pourtant, malgré tous ses efforts, impossible de le localiser dans la nuit et le brouillard… Le deuxième bivouac dans notre petite tente est franchement désagréable, car nous sommes mouillés et fatigués. Au matin, nous découvrons le refuge à cinquante mètres !

Un peu plus tard, quand nous rejoignons notre 2CV garée au bord de la route qui monte au col du Lautaret, vers le hameau du Pied du Col, nous trouvons les gendarmes sur le point de prévenir les secours. Il faut dire que le très mauvais temps s'installe et que dans les jours qui vont suivre, René Desmaison et Serge Gousseault vont se retrouver piégés dans la face nord des Grandes Jorasses. Serge y laissera la vie…

Encore une matinée où je serai en retard au bureau !

Première expédition au Pérou (Cayangate)

Nous participons à une expédition pendant l'été 1971. L'objectif est de gravir un sommet de 6 100 mètres, au Pérou, le Cayangate, situé dans une cordillère peu connue, la Vilcanota. Cette expédition est organisée par des membres du GUM, Grenoble université montagne, à qui J.-J. offre ses services régulièrement en tant que guide. Je suis ravie d'en faire partie et je participe activement à toute la préparation en tapant les courriers sur ma machine à écrire durant mes heures de travail !

Jean-Paul Zuanon, le chef d'expédition, très méticuleux, a constitué son équipe avec sa femme, Élisabeth, discrète et endurante en montagne, Pierre Chapoutot, dit « Chaps », le spécialiste de l'Oisans qui a beaucoup grimpé avec J.-J., Paul Giroud, le troubadour avec sa guitare, et le docteur Pierre Barnola de La Mure, très attentionné et rassurant, qui faisait déjà partie du voyage en Afghanistan. J.-J. est le professionnel de la bande et moi sa compagne…

J'ai lu plusieurs récits d'expéditions et je suis impatiente de voir si je vais bien m'acclimater à l'altitude et si je serai capable de monter à 6 000 mètres, moi qui ne suis jamais allée au sommet du mont Blanc. C'est mon premier contact avec un pays d'Amérique du Sud et je suis immédiatement conquise par les paysages de la cordillère des Andes, les grands espaces de l'Altiplano et les sommets qui surgissent, couverts de pénitents et de corniches de neige.

Après Cuzco, les villages que nous traversons pour atteindre notre objectif sont misérables… Je suis très touchée de voir les enfants vivre dans un tel dénuement sous un climat aussi inhospitalier. Un camion nous dépose dans un dernier hameau, Tinki, autour de 4 000 mètres. Les habitants sont éleveurs ou petits fermiers, mais les récoltes à cette altitude doivent être bien maigres. Les maisons sont faites de boue séchée et les toits sont en chaume. Il n'y a pas d'arbres et le seul combustible pour la cuisine est constitué des crottes séchées des alpagas, ces animaux typiques de l'Altiplano qui tiennent à la fois du mouton et du lama.

L'instituteur du village me fait visiter son école dans un local très rudimentaire, dépourvu de bancs, où les enfants s'assoient à même le sol de terre battue. Il n'y a ni vitre aux fenêtres, ni chauffage… Des oiseaux sont accrochés aux murs avec leurs noms écrits dessous. Ils doivent servir pour les leçons d'histoire naturelle et n'ont aucun problème pour se conserver vu le froid ambiant à l'intérieur ! Certains enfants font jusqu'à deux à trois heures de marche chaque jour pour venir à l'école car leurs parents habitent des fermes isolées.

Nous avons besoin de chevaux pour continuer notre approche et ma connaissance de l'espagnol me confère le rôle d'interprète, ce qui n'est pas une mince affaire car les Indiens curieux qui se pressent autour de nous parlent plutôt le quechua. Je négocie finalement avec un muletier pour qu'il transporte notre matériel avec des chevaux. Il nous demande un contrat écrit, alors qu'il ne sait pas lire, et le lendemain il n'est pas au rendez-vous bien que nous ayons préparé toutes les charges. Enfin, après des recherches à travers les hameaux voisins et beaucoup de palabres, nous trouvons un autre fermier qui accepte de nous accompagner le jour suivant avec des chevaux.

Les femmes que je rencontre autour de leurs cahutes filent la laine d'alpaga avec des quenouilles qu'elles lancent pour les faire tourner tout en pinçant la laine avec les doigts. D'autres tissent sur des métiers archaïques formés de morceaux de bois plantés dans le sol. Les étoffes confectionnées sont rustiques, mais leurs couleurs sont magnifiques.

L'instituteur nous propose son école pour dormir et nous acceptons avec plaisir car les nuits sont glaciales. C'est la fête ce soir : Paul, qui a apporté sa guitare, accompagne nos chants à plusieurs voix. Notre hôte est très impressionné et nous donne aussi un petit échantillon de ses talents, le vermouth circule, ajoutant à l'ambiance déjà très chaleureuse !

Le lendemain, c'est le bon départ. Notre caravane prend la direction des hauts plateaux en soulevant un nuage de poussière amplifié par les poulains qui batifolent autour. Nous nous rapprochons des montagnes pendant deux jours et avons le temps d'admirer l'Ausangate, un sommet voisin en forme de pyramide, haut de 6 384 mètres. Nous choisissons l'emplacement de notre camp de base près d'un petit lac, autour de 4 700 mètres, à proximité du pied de la chaîne des Cayangate.

Dès le jour suivant, nous commençons à explorer les abords de la montagne et découvrons, après un petit col, un immense glacier en partie recouvert de pierres : à perte de vue des tas de cailloux raides et instables, des séracs, des crevasses et des petits lacs. Ce glacier noir doit faire au moins deux kilomètres de large et nous mettons une demi-journée pour le traverser. Un camp de base avancé sera donc nécessaire car, de là, nos spécialistes envisagent un itinéraire qui emprunterait un large couloir couvert de séracs débouchant sur l'arête sommitale.

Je découvre le quotidien d'une expédition : faire des portages pour acheminer tentes, vivres et matériel vers les camps supérieurs. Pour les plus compétents et en meilleure forme, il s'agit de préparer la montée dans la chute de séracs en trouvant le meilleur passage et en posant des cordes fixes si nécessaire. Elles permettront l'ascension vers le sommet pour tous les membres de l'expédition et faciliteront la descente. Nous tenons tous à ce que l'équipe arrive au complet au sommet.

J.-J. et Chaps commencent l'équipement dans la cascade de glace. Ils repèrent un cheminement et J.-J. force un passage en artif sur un mur de glace. Le jour suivant, c'est au tour de Jean-Paul et Paul de continuer, mais ils redescendent dépités en fin de journée après avoir buté sur une crevasse apparemment infranchissable. Les discussions vont bon train sur la marche à suivre : comme ils n'ont pas déséquipé en descendant, il n'est pas possible d'envisager un autre itinéraire. Finalement, c'est Chaps et le toubib qui remontent le jour suivant et trouvent un passage. La voie vers le sommet est ouverte et nous nous préparons à l'assaut.

Après un peu de repos, nous partons très chargés en direction du sommet, pensant bivouaquer en haut de la cascade de glace. Je sens que je m'acclimate bien à l'altitude, je n'ai pas mal à la tête, ce qui n'est pas le cas de certains autres membres de l'équipe. J.-J. est très attentionné avec moi et règle son allure pour me permettre de monter. Il veut vraiment que j'y arrive, nous faisons une bonne équipe tous les deux.

Le bivouac n'est pas très confortable dans la neige, avec des petites tentes où nous sommes très serrés. Après une nuit mouvementée où personne ne parvient à fermer l'œil – mis à part le toubib qui a pris des somnifères et ronfle bruyamment –, le moral des troupes est au plus bas et la majorité se plaint de migraines. Le démarrage est laborieux, d'autant qu'il ne fait pas très beau, mais nous atteignons un col vers

5 900 mètres dans une alternance de brouillard et d'éclaircies. Le spectacle, féerique, dévoile l'Ausangate surgissant d'un océan blanc tandis que chaque sommet de la chaîne des Cayangate se découvre l'un après l'autre, puis disparaît à nouveau dans des nuages bouillonnants.

Vu le temps incertain et leur manque de forme, nos compagnons décident de redescendre. J.-J. et moi, très motivés, nous retrouvons seuls à finir l'ascension malgré la désapprobation générale. Nous poursuivons donc notre montée sur l'arête couverte de pénitents dans le brouillard, et après quelques longueurs, nous débouchons sur la crête sommitale, aérienne et sculptée d'immenses corniches qui nous font penser à de la crème chantilly.

Dans la descente, nous rejoignons nos équipiers qui ont déjà démonté le bivouac et sont pressés de retourner au camp de base, nous laissant déséquiper le bas de la face. Cette expérience m'a fait découvrir que la vie de groupe au sein d'une équipe isolée dans un environnement difficile n'est pas évidente et qu'il est important de bien se connaître avant de partir. Ces situations extrêmes exacerbent les qualités et les défauts de chacun et on rentre d'expédition avec des amitiés fidèles… ou de profondes inimitiés ! J.-J. avait déjà vécu de telles situations lors de son expédition en Afghanistan où il avait gravi un sommet de près de 7 000 mètres, le Koh-I-Bandaka.

Avec mon compagnon, nous formons une cordée soudée et complice et cela nous motive pour repartir vers d'autres découvertes dans des montagnes inconnues. Ce dépaysement, lié à une véritable aventure, me subjugue. Il faut que je m'améliore et que j'acquière un bon niveau pour pouvoir tout partager avec mon mari, pour le meilleur… ou pour le pire.

Pilier Gervasutti au mont Blanc du Tacul

« Il va falloir bivouaquer ici. »

Je regarde J.-J. sans réaliser vraiment ce qu'il me dit. Depuis une heure environ, la neige s'est mise à tomber doucement. Le ciel, si bleu ce matin, n'est plus qu'une masse grise et tous les sommets ont disparu. Il est 16 heures. Nous ne savons plus si le sommet du pilier Gervasutti au mont Blanc du Tacul est encore loin, mais de toute façon quelle importance, avec ce brouillard...

« Ça va être gai de bivouaquer à 4 000 mètres sans duvet ! »

Sans discuter, je me laisse tomber sur la vire à côté de lui. Parler de « vire » est d'ailleurs bien excessif, il s'agit plutôt d'une vague banquette rocheuse sur laquelle on arrive à s'asseoir à deux, les jambes dans le vide !

« Mets ta veste en duvet et enfile les jambes dans ton sac à dos. »

Opération délicate que de se déchausser sans envoyer les chaussures en bas. Je commence à avoir froid et j'ai les pieds humides, alors je les mets dans mes moufles de laine et les enfile dans mon sac ; je garde aussi mes chaussures à l'intérieur en espérant qu'elles sèchent contre moi. L'interminable nuit commence. Il neige toujours et c'est mon premier bivouac dans une paroi en montagne. La corde est là qui nous retient aux pitons du relais alors, très vite, j'ai des fourmis dans les jambes et il faut que je change de position. Nous grignotons quelques vivres pour passer le temps et je me serre contre mon compagnon de cordée afin de récupérer un peu de chaleur. Je somnole contre lui ; de temps en temps, nous nous frottons l'un contre l'autre pour nous réchauffer. Je le sens inquiet et je suis bien incapable de le rassurer.

Je me revois encore dans ces fissures athlétiques en rocher rouge. Quelle bagarre ! Progresser centimètre par centimètre le dos coincé dans la cheminée et les chaussures en appui sur le rocher, récupérer le piton qui a servi à J.-J. à s'assurer en tapant dessus avec le marteau pour le faire bouger dans la fissure, porter ce foutu sac à dos qui scie les épaules et qui est tellement lourd alors que je dois déjà me hisser sur des écailles déversées...

C'est peut-être au cours de ces longues heures, en attendant l'aube, que je me pose la question: qu'est-ce que je fais ici? Qu'est-ce que je cherche en montagne? Pourquoi me mettre dans des situations pareilles, avoir froid, me faire mal aux doigts, me lever tôt, porter des sacs tellement lourds? J'ai été, presque malgré moi, entraînée dans cet univers exigeant et parfois hostile, mais qui m'apporte aussi beaucoup de satisfactions. J'ai une confiance totale en mon compagnon à qui je me suis liée pour le meilleur et pour le pire. Je suis sûre que demain il saura nous sortir de cette galère et pas un seul instant je ne regrette d'être là.

La remise en route le lendemain est un moment pénible: secouer la neige qui s'est accumulée sur les vêtements, enfiler les chaussures dures et gelées, se partager un peu de nourriture et d'eau... Heureusement, le temps s'est éclairci et nous gagnons sans trop de mal le sommet du pilier recouvert d'écailles de glace. Difficile à trouver par mauvais temps, il n'était qu'à cinquante mètres de notre bivouac! La descente du mont Blanc du Tacul se fait facilement et nous rejoignons la vallée sans encombre par le téléphérique de l'aiguille du Midi.

Apprentissage de l'escalade en tête de cordée aux Mallos de Riglos (Espagne)

Un petit village espagnol blotti au pied de sentinelles de pierre... Nous sommes aux Mallos de Riglos, en Aragon, dans un lieu magique. La lumière dorée du couchant accentue encore toutes les teintes du rocher. C'est du conglomérat avec une multitude de cailloux imbriqués les uns dans les autres, qui paraissent bien en équilibre de loin, avec des zones rouges sous les surplombs. Toutes ces aiguilles, très raides, sont particulièrement impressionnantes. Qu'est-ce qui m'attend demain dans l'aiguille du Firé que nous voulons grimper par la fameuse voie *Rabada-Navarro*, considérée comme un itinéraire complexe et engagé avec un équipement minimal ? Je suis très excitée à la perspective de grimper quelques longueurs en tête, mais j'ai quand même un peu d'appréhension en imaginant cette expérience initiatique.

« Relais ! »

Je vérifie encore une fois que j'ai bien fait mon nœud d'assurage… Maintenant nous y sommes et cette première longueur m'a tout de suite mise dans l'ambiance. L'escalade est incroyable car les cailloux sont tenus par une sorte de ciment qui paraît plus ou moins solide. J'ai cherché, vaguement inquiète, un point d'assurage dans la longueur, mais je n'ai trouvé qu'une lunule : c'est un pont de rocher sur lequel on peut mettre un anneau et un mousqueton pour y faire passer la corde. Quand je suis arrivée au relais, j'ai découvert dans une niche au moins six points rassemblés par une sangle, et quels points ! Des pitons coincés entre les cailloux et des ferrailles matraquées dans des petits trous confectionnés sur les plus gros cailloux et équipées de minces anneaux métalliques, ou de câbles de vélo pour y passer un anneau ! L'ensemble a tout d'un bricolage archaïque et le nombre de points laisse augurer de leur médiocre solidité. C'est le moral espagnol !

Je jette un œil vers le bas de la falaise et vers J.-J. qui commence à trouver le temps long car je n'ai pas été très rapide dans cette première longueur.

« Allez, avale ! » me crie-t-il. Je sens qu'il est vraiment en train de perdre patience, d'autant plus qu'une cordée de Français s'apprête à attaquer derrière nous. Il me rejoint très vite et se prépare à franchir le ventre qui surplombe la niche. Des cordelettes décolorées qui ne me semblent pas très solides pendent dans le dévers. Il évite de s'en servir et préfère chercher des prises en espérant qu'elles tiennent ! Le relais suivant n'est pas loin heureusement mais il a toujours la même allure…

Je continue en ascendance à gauche et navigue d'une lunule à l'autre, essayant de choisir le meilleur passage. Je découvre même un boulon (*burril*) sur lequel il faut rajouter une plaquette amovible. Heureusement que des grimpeurs espagnols nous en ont donné quelques-unes hier… Au relais suivant, j'ai du mal à tirer la corde à cause des nombreux détours que j'ai faits : elle coulisse très mal, je n'ai pas dû mettre des sangles assez longues et je suis donc obligée de tirer de toutes mes forces pour enfin sentir mon compagnon au bout de la corde. Je me prépare à l'assurer, mais il grimpe tellement vite que je n'arrive pas à garder le rythme, ce qui l'énerve !

L'apprentissage de l'escalade en tête de cordée, ce n'est pas seulement apprendre à grimper avec le maximum de sécurité, la chute étant interdite, mais c'est aussi être rapide et efficace dans les manœuvres de corde. Je suis tellement contente de grimper en réversible, c'est-à-dire chacun son tour en tête… Cela prouve que mon compagnon me fait confiance, même s'il ressent une certaine appréhension qu'il manifeste par son impatience. Je n'ai pas peur de partir en tête, au contraire, cela me procure une satisfaction bien plus grande que d'être toujours en second. Cela me demande aussi beaucoup plus de concentration, de ne pas me jeter sur toutes les prises, de trouver le meilleur chemin et le relais. En outre, je laisse toujours plus de forces à tirer la corde et la fatigue arrive plus vite. « Ça va, tu t'es bien débrouillée… » C'est la phrase qui efface tous les efforts pénibles et qui me remplit de fierté. Tous ces assurages aléatoires font aussi qu'en tant que « leader » j'ai une difficulté supplémentaire à gérer car je ne dois pas me laisser impressionner, je dois garder mon calme et assurer tous mes pas.

Nous progressons, longueur après longueur, enchaînons des passages surplombants et le vide commence à se creuser. Par moments, nous entendons des éclats de voix et des cris plus bas derrière nous et nous ne savons pas si la cordée qui nous suit rencontre des problèmes. Nous restons concentrés sur cet énorme fouillis de cailloux car on pourrait passer n'importe où et c'est en découvrant par hasard un *burril* que nous espérons être dans la voie. Les dernières longueurs sont absolument magnifiques car très raides et avec heureusement un peu plus de matériel en place pour l'assurage. Le rocher est bon. En revanche, il ne faudrait pas avoir à redescendre en rappel car les relais n'inspirent pas vraiment confiance…

Une fois au sommet, nous rejoignons, par un bon rappel en place, un cheminement en désescalade qui nous ramène au pied du Firé. Nous découvrons alors la totalité de la face que nous venons de gravir et aussi la cordée qui nous suivait bataillant au milieu de la paroi. La fille qui est en second semble avoir des difficultés à passer et son compagnon l'invective durement. Elle pendouille dans un surplomb et tente de se remonter avec un autobloquant… Nous les regardons progresser laborieusement et toujours avec beaucoup de cris. La nuit tombe et ils sont encore dans les dernières longueurs très raides. Alors des grimpeurs locaux placent leur voiture de manière à les éclairer avec les phares tout en les encourageant à grands cris. Nous découvrons là la gentillesse et la débrouillardise de nos collègues espagnols.

Je me rends bien compte que j'ai de la chance de pouvoir grimper en tête car dans tous les couples que nous rencontrons, la femme est toujours en second. Il faut reconnaître qu'à cette époque les hommes n'ont pas toujours envie de donner les moyens à leur compagne d'être indépendante. C'est souvent l'occasion de scènes de ménage ; heureusement, nous ne nous sommes jamais disputés comme ces grimpeurs français, mais nous avons de temps en temps des tensions à gérer. C'est tellement plus valorisant pour un homme de mener la cordée plutôt que de patienter au relais en attendant que sa compagne fasse ses premières armes. En tout cas, rien de tel pour la dégoûter de l'escalade que de l'injurier et lui faire perdre confiance… J.-J. veut que je partage tout avec lui. La satisfaction et la complicité que nous vivons ensemble lors de ces courses sont notre récompense.

Je suis loin de me douter que je reviendrai dans ce lieu magique vingt-cinq ans plus tard avec notre deuxième fils, Jonathan, qui aura alors onze ans, pour gravir la voie *Murciana* au Mallo Pison et à nouveau quarante ans plus tard pour *La Fiesta de los Biceps*, la grande classique de la Visera. L'équipement s'est alors beaucoup amélioré et les prises marquées de magnésie sont visibles à plusieurs kilomètres !

Nous allons découvrir, dans les années qui vont suivre, beaucoup de progrès techniques dans le matériel d'escalade. Une des premières nouveautés pour nous est l'emploi de chaussons d'escalade légers, dotés d'une semelle lisse en gomme très adhérente. Ils remplacent les grosses chaussures en cuir à semelle Vibram, très lourdes et rigides et qui ne facilitent pas les mouvements en souplesse. Ces chaussons sont surtout employés dans les escalades rocheuses calcaires, cependant, en montagne, dans les grandes courses, ils donnent plus d'aisance, de rapidité et de plaisir.

Crévoux (Hautes-Alpes) : une installation en montagne

En 1971, je propose à J.-J. que nous posions notre candidature pour un poste double proposé à la direction de la station de ski de Crévoux et d'un centre d'hébergement. J.-J. est étudiant intermittent à Sciences Po Grenoble tandis que je travaille un peu comme secrétaire. Nous n'avons pratiquement aucune expérience professionnelle et nous nous retrouvons, à respectivement vingt-trois et vingt-deux ans, à la tête d'une petite entreprise d'une douzaine d'employés en hiver…

Crévoux est un minuscule village des Hautes-Alpes situé au-dessus de la ville d'Embrun, à 1 600 mètres d'altitude. Pour nous, c'est une immersion en montagne parmi des agriculteurs que nous idéalisons comme des gens authentiques et purs, à l'image de la nature qui les entoure. Ici, on vit encore comme au XIXe siècle. Dans les maisons, l'étable ouvre directement dans la cuisine pour profiter de la chaleur des vaches l'hiver. Les femmes font la lessive dans la fontaine du village en toute saison, peu habillées et bras nus, même par - 20 °C. Les labours se font avec un cheval de trait. Les femmes moissonnent à la faucille. Il n'existe aucun tracteur dans le village, tout est transporté par de gros traîneaux en bois tirés par les mules. La télévision n'est bien sûr pas encore arrivée et pour le téléphone, il faut passer par un standard à Embrun…

Ce village sera notre camp de base pour quelques années formidables qui vont nous permettre de gravir beaucoup de sommets, d'acquérir une belle expérience et de nous ancrer dans un milieu montagnard qui nous fascine.

Ces premiers temps à Crévoux ne sont pas toujours simples car nous nous retrouvons, en tant que gestionnaires de la station et principaux employeurs du village, face aux habitants de ce coin retiré de montagne. L'hiver, il nous arrive parfois d'être complètement coupés du monde, la route pouvant être bloquée par des avalanches pendant plusieurs jours. Les agriculteurs ont l'habitude d'une vie rude et espèrent que le développement de « l'or blanc » va améliorer leur ordinaire et leur apporter la richesse telle qu'ils l'imaginent après la création des stations voisines des Orres, de Vars ou de Puy-Saint-Vincent. Très vite, des conflits apparaissent avec certains habitants, amplifiés par le maire et les hommes politiques de l'époque, car nous envisageons plutôt un développement modéré, pour garder le caractère authentique et familial du village et certains voudraient la création d'une grosse station avec promoteur et financement par des banques privées. Ils font miroiter aux habitants des emplois, la vente de leurs terrains, bref un « pays de cocagne »... Depuis 1938, c'est une association loi 1901, dont nous sommes les employés, qui est propriétaire des remontées mécaniques et du centre d'hébergement ; elle a fait de Crévoux la deuxième station créée dans les Hautes-Alpes après Montgenèvre !

***

La petite vallée de Crévoux est un véritable paradis pour le ski. La station comporte trois remontées mécaniques, dans des forêts de mélèzes, situées en versant nord, donc bien enneigées. J.-J. souhaite y développer le ski de fond qui est alors en pleine expansion grâce aux Jeux olympiques de Grenoble. Le plateau de La Chalp s'y prête particulièrement : c'est un petit hameau encore préservé, au départ d'un vallon boisé peu accidenté. Nous commençons par tracer des pistes nous-mêmes à skis, puis à l'aide d'un scooter des neiges. Cela permet aux classes de neige et aux stagiaires hébergés à Crévoux de découvrir cette activité.

Le ski de fond devient indispensable pour satisfaire notre besoin d'exercice physique. Petit à petit, nous nous lançons dans les compétitions régionales qui, chaque dimanche, donnent un objectif à notre entraînement journalier. C'est d'abord pour moi un plaisir physique que de glisser sur la neige, laisser les skis épouser tous les accidents du terrain, attaquer une petite bosse en courant puis se laisser descendre derrière en poussant un bon coup et allonger la foulée au rythme de ma respiration. Cet effort qui s'apparente à la course à pied, la glisse et le paysage de montagne hivernale en plus, me plaît. C'est aussi un moyen de rester en forme, de progresser et d'habituer mon corps à des efforts de plus en plus soutenus dans le froid. Je m'aperçois que j'aime me dépasser en repoussant toujours davantage mes limites.

Malgré les réticences de certains habitants, et grâce à notre implication, le ski de fond se développe au point de faire de Crévoux un « spot » régional permettant à plusieurs familles d'en vivre. La station familiale le restera grâce à un développement modéré des remontées mécaniques et des hébergements.

Nous nous sentons quand même très isolés, ne pouvant guère compter sur des amis, d'une part parce que nous sommes employeurs d'une partie du village l'hiver, d'autre part parce que, venant de la ville, nous avons peu de points communs avec les habitants. Comme notre travail nous donne beaucoup de temps libre, surtout l'été et en intersaison, nous vivons ensemble notre passion : nous passons une partie des étés à Chamonix, sous notre petite tente, et à cette époque, les étés pluvieux sont la règle… Mais nous arrivons toujours à faire quelques belles courses et quand cela devient vraiment trop humide, nous mettons le cap vers les Dolomites ou des massifs moins élevés, comme le Vercors ou les Écrins. J.-J. aime beaucoup ouvrir de nouvelles voies. Déjà, durant l'été 1970, il a ouvert avec Pierre Chapoutot et Jean-Louis Mercadié une voie majeure dans la face nord du pic Sans Nom, puis un pilier dans la face nord de la Meije.

Nous commençons l'exploration du Haut Val Durance où toutes les petites falaises sont encore vierges : Le Pouit, les gorges de la Biaysse, Le Ponteil, la paroi des Lys, Freissinières… Ce sont des dizaines de voies que nous ouvrons ensemble dans ces années-là, avec des pitons de toutes sortes, puis des pitons à expansion enfoncés minutieusement au tamponnoir quand les dalles sont trop compactes. J.-J. se déchaîne dans les passages durs et donne souvent une cotation bien en deçà de la cotation méritée. L'échelle est encore bloquée à V+ et il n'est pas question pour lui d'y déroger. Nombre de passages deviendront plus tard des 6b ou 6c obligatoires, car il ne peut pitonner dans le mouvement ; bien sûr, les voies sont toujours ouvertes du bas. Toutes ces escalades vont contribuer à la renommée des Hautes-Alpes pour l'escalade dans les années suivantes.

Un saut en parachute pour Jean-Jacques

Le petit avion vient de décoller de la piste du Sporting de Serre Chevalier. Il survole les montagnes enneigées. Nous sommes coincés l'un à côté de l'autre dans ce petit espace, harnachés de parachutes, prêts pour le grand saut. L'armée donne la possibilité de faire des « sauts d'initiation », en ouverture automatique, sans préparation spécifique car l'atterrissage se fait dans la neige. J'ai convaincu J.-J. de faire au moins un saut dans sa vie pour essayer de comprendre ma passion pour le parachutisme. C'est donc « à reculons » qu'il a accepté, pour me faire plaisir.

Notre petit avion arrive à hauteur des sommets du massif des Écrins et le moniteur lui fait alors signe de s'approcher de la porte qu'il vient d'ouvrir. L'avion a ralenti pour se positionner en attente du largage. J.-J. s'élance vers la porte et, pressé de se débarrasser de ce moment pénible, il saute en fermant les yeux sans attendre l'invitation du moniteur ! Il disparaît, happé par le vide, alors que visiblement ce n'était pas encore le moment ! Je reconnais bien là son impatience et sa manière d'affronter le danger sans laisser à la peur le temps de s'installer.

Je l'entends encore me raconter ses impressions : « Parti dans le vide la tête la première, je suis remis en position verticale au bout de quelques secondes par l'ouverture extrêmement brutale du parachute. Je sens mon corps complètement brisé par le choc. J'ouvre alors les yeux et découvre que je suis en train de survoler le glacier du Casset, puis le vent m'emmène vers le massif des Cerces et je me demande, inquiet, où je vais atterrir. Tel un pantin, je me balance et commence à avoir mal au cœur. Finalement, le sol enneigé se rapproche et je me laisse tomber au bout de la plaine du Casset, bien loin de l'objectif prévu que je dois rejoindre en traçant dans la neige jusqu'à la ceinture et en traînant mon parachute ! »

Je sais maintenant que j'ai tiré un trait sur cette activité. Je n'ai pas de regrets, j'ai découvert un autre univers tellement plus vaste, plus exigeant, plus inspirant et surtout qui me permet de tout partager avec mon compagnon. J'ai envie de vivre en montagne, d'être en permanence dans un cadre magnifique, de chercher les plus beaux sommets pour les gravir et vivre des moments intenses pour y parvenir.

Première naissance dans la famille

Au cours d'un séjour dans les Dolomites où nous tentons quelques grandes parois, je ne me sens pas en forme, ce qui n'est vraiment pas habituel chez moi. Je n'arrive pas à garder mon petit-déjeuner dans l'estomac et je n'ai plus de jambes… Je suis enceinte ! Je suis bouleversée par cette nouvelle qui risque de changer ma vie. Je ne me sens pas vraiment prête à devenir maman et je n'ai pas envie de mettre un frein à nos activités. Heureusement, cette période de fatigue ne dure pas longtemps et après quelques dizaines de jours, je me sens à nouveau capable de suivre mon mari. Maintenant il n'est plus question que je grimpe en tête, mais je suis toujours très motivée et je veux préparer notre bébé à la vie qui l'attend, tout en profitant encore d'un peu de répit avant les derniers mois pénibles.

Alors, nous gravissons la voie *Cassin* au Piz Badile, en Suisse, magnifique escalade technique de 900 mètres sur d'immenses dalles, puis nous ouvrons une grande voie de 600 mètres dans la tête d'Aval de Montbrison près de Briançon et une autre au Pestel d'Archiane dans le Vercors. Tout l'hiver, le ski de fond me permet de rester en forme ; j'accompagne même J.-J. au départ de la Traversée du Vercors, sur le plateau du col de Rousset, à quelques jours de l'accouchement.

Je sens une petite vie qui grandit en moi et je commence à m'habituer à l'idée que quand il sera là, rien ne sera plus pareil. Au printemps, une petite frimousse adorable fait son apparition dans la famille, et comme tous les parents, nous en sommes très fiers car, à coup sûr, ce sera un super alpiniste ! Nous nous apercevons très vite que nous avons beaucoup de chance car c'est un petit garçon très facile. À un mois, nous l'emmenons à un stage théorique de formation de moniteur de ski nordique à l'École nationale de ski de fond de Prémanon où il dort durant tous les cours, tranquille, dans notre chambre. Toutes les heures, nous venons le voir et tout se passe bien. Il fait maintenant partie de notre vie et j'ai encore du mal à réaliser qu'il est vraiment à nous et que sa place sera toujours là, avec nous.

Dorénavant, il va falloir compter avec lui en priorité. Cela va nous demander d'être beaucoup plus responsables dans le choix des courses et de nous engager uniquement quand les conditions sont optimales. Je veux continuer à partager notre passion en couple car c'est notre équilibre et notre choix de vie. Je ne pourrais pas me sentir enfermée dans un rôle de « mère au foyer ». Jusqu'à maintenant, nous avons vécu une période très active grâce à l'énergie hors du commun de mon compagnon et à ma faculté d'organisation très efficace. À tous les deux, nous nous complétons aussi bien dans le travail que dans nos activités en montagne. Maintenant, avec la présence de Yann, je souhaite que notre quête d'aventures commune continue. Nous allons donc devoir faire preuve d'un bon sens de l'organisation pour mener de front notre activité professionnelle intense en hiver, mon rôle de maman d'un petit bébé, notre entraînement en ski de fond et nos escapades vers les sommets. Sans compter que nous sommes en train de retaper un petit chalet dans le village de Crévoux.

Grandes courses et hautes parois

À l'époque, nous recherchons les grandes courses, c'est-à-dire les ascensions prestigieuses, soit parce qu'elles mènent à de hauts sommets, soit parce que leur difficulté représente un réel challenge, soit parce qu'elles sont particulièrement esthétiques, soit encore parce qu'elles ont défrayé la chronique alpine au moment de leur ouverture et qu'elles ont une histoire. Pour moi, chacune représente une aventure différente, un objectif pour lequel il faut que je me prépare pour être « au top » au moment de l'affronter.

Partir pour une grande course qui va durer plusieurs jours demande de porter les affaires de bivouac (duvet, tente de paroi), un réchaud avec du gaz, de la nourriture, des vêtements chauds et bien sûr tout le matériel d'escalade (corde, marteau, pitons, piolet et crampons s'il y a de la neige)… donc un sac lourd. Les voies sont souvent récentes et encore peu répétées, donc pas très équipées. Cela nécessite d'ajouter des pitons ou des broches à glace au passage pour les enlever ensuite afin de pouvoir nous en resservir plus haut. Sans compter que la météo n'est pas très précise et qu'elle réserve souvent des surprises assez désagréables, voire dangereuses. D'autre part, nous n'avons ni téléphone ni radio pour appeler du secours si nécessaire et notre seule option est le tir de fusées de détresse à déclencher dans un cas extrême.

Durant été 1973, nous réalisons l'ascension de l'éperon Tournier dans la face nord des Droites à Chamonix, avec notre ami Gilles Rotillon. Cette longue course, très soutenue, me permet de me perfectionner en escalade mixte glace-rocher, crampons aux pieds. Après un bivouac très inconfortable sur une vire inclinée dans le premier tiers de la voie, nous longeons la grande pente de glace centrale des Droites (voie *Davaille*) qui est très impressionnante par son allure de « toboggan de la mort » : la glace est noire et très compacte et l'inclinaison est parfois presque verticale. Dans les dernières longueurs de notre voie, nous progressons également dans des couloirs de glace très raides bordés de rochers sur lesquels nous pouvons bien nous assurer et c'est vraiment une escalade soutenue et très esthétique. La descente, dans une grande pente de neige raide, nous met les nerfs à vif car la neige a beaucoup ramolli, l'assurage est aléatoire et, avec la fatigue, nous devons contrôler chacun de nos pas.

***

C'est à l'été 1974, quelques mois après la naissance de Yann, que nous enchaînons dans la même semaine trois grandes classiques dans le massif des Écrins. Tout d'abord la voie *Fourastier* à l'Ailefroide, au cœur des grandes faces nord du glacier Noir. C'est un magnifique cheminement le long du glacier suspendu qui se termine dans des couloirs verglacés et me laisse le souvenir d'une ambiance inoubliable.

Ensuite, vient la face nord de la pointe du Vallon des Étages, située dans une partie très sauvage du massif, qui nous donne du fil à retordre : après un bivouac au pied de la face, nous bataillons dans les dernières longueurs, couvertes de neige fraîche et de verglas, et devons passer à nouveau la nuit dehors, au sommet, dans la tempête…

Martine écoute avec application les conseils d'encordement de son guide, Jean-Jacques, qui l'initie à l'escalade (1969).

Premières voies d'escalade dans le Diois (*Voie des Parisiens* à La Pelle, Trois Becs) en 1970.

Martine et sa sœur Nicole (à droite), prêtes à s'envoler pour un saut en parachute (1969).

Escalade dans le Vercors.

Martine à l'atterrissage.

Notre bivouac du 31 décembre 1970
au col de l'Échelle.

Relais lors de l'ascension du pilier Tobé
à Chamechaude en Chartreuse, avec J.-J.
et Jean Journet, le père de Martine.

J.-J. en ski de fond à Crévoux, avec le village de La Chalp en arrière-plan.

Expédition au Pérou en 1971, en direction du sommet du Cayangate (6000 m).

Sur la dernière arête du Cayangate.

Le Firé, aux Mallos de Riglos (Espagne).

Martine dans la voie *Rabada-Navaro*, au Firé (1975).

Dans *La Fiesta de los biceps* en 2014.

Lors de l'ascension de la face nord de la pointe du Vallon des Étages (Écrins), en 1974.

Ascension de la *Directe Américaine* aux Drus en 1977 (photo D. Badaroux).

Martine à l'arrivée sur le glacier de la Charpoua après une descente des Drus éprouvante sous le mauvais temps (photo D. Badaroux).

J.-J. dans les premières longueurs de l'éperon *Walker* à la face nord des Grandes Jorasses, lors de notre première tentative stoppée par un violent orage en 1977 (photo D. Badaroux).

La face nord du Half Dome depuis la vallée du Yosemite (USA) ; en rouge, la voie *Regular North West face*.

Martine lors de l'ascension de *Regular North West face* au Half Dome (1978).

Quelques années plus tard, Yann Rolland après la traversée de la fameuse vire Thank God Ledge au Half Dome.

La face sud du Capitan (Yosemite – Californie), 1 000 mètres de haut. Martine et J.-J. ont gravi en 1978 la voie *Triple Directe* qui emprunte la première partie de *Salathé* (1), puis la partie centrale du *Muir Wall* (2) et la sortie de la voie du *Nose* (3). La variante (4) a été gravie par Yann et Martine en 1993 lors de leur ascension du *Nose*.

Dans les premières longueurs de *Salathé*.

Traversée entre le *Muir Wall* et le *Nose*.

Martine vient de rejoindre la voie du *Nose* qui se déroule sous ses pieds.

Nos amis italiens Renato Casarotto (à gauche) et Gian Carlo Grassi (au centre), après notre ascension commune de la voie *Triple Directe* au Capitan (1978).

J.-J. dans les belles fissures vers le sommet du *Nose*.

Sous le Grand Toit du *Nose*.

Le Pariacaca (Pérou), un sommet à deux têtes d'environ 5 900 mètres que nous avons gravi par l'éperon de gauche (1979).

Lors de l'ascension de l'Alpamayo au Pérou en 1979.

Sommet de l'Alpamayo (5 947 m).

Bivouac au pied de l'arête nord
de l'Alpamayo.

Martine participe à la course de ski de fond La Dolomitenlof en Autriche (60 km).

Rencontre avec les trois premières femmes à avoir gravi l'Everest : de gauche à droite, la Japonaise Junko Tabei, la Tibétaine Phan Thong et la Polonaise Wanda Rutkiewicz rassemblées à Chamonix en 1979 (photo H. Agresti).

Grâce à Isabelle Agresti (à droite), Martine (à gauche) fait la connaissance des alpinistes polonaises Wanda Rutkiewicz (près d'elle) et Irena Keza (près d'Isabelle) avec lesquelles elle gravit l'éperon Migot au Chardonnet (été 1979).

Enfin, c'est au tour du couloir en Z, dans la face nord de la Meije. Après quelques longueurs dans le socle, pendant une traversée sur une pente de glace à 50 degrés sans assurage, je me prends les pieds dans mes crampons par inattention et je pendule lourdement sous le relais.

« Qu'est-ce que tu fais ? me crie J.-J. qui vient de stopper ma chute... Ça va ? »

Je cache les larmes incontrôlables qui me viennent, car j'ai heurté violemment un rocher et je me suis ouvert le genou. Mais c'est surtout l'humiliation d'avoir « volé » qui me fait enrager...

« C'est bon, ce n'est rien ! »

Nous repartons vers les branches du Z en glace noire, et moi, clopin-clopant, essayant de cacher ma douleur... Arrivés au refuge du Promontoire, nous sommes accueillis par nos amis, les sympathiques gardiens, Maurice et Christine Motte, qui nous ont préparé un gâteau au chocolat en forme de Meije avec le couloir en Z en crème chantilly !

Les hivers à Crévoux, les étés en grandes courses

Les années 1975 et 1976 sont riches de nouvelles expériences : j'ai passé le monitorat de ski nordique et je continue à participer à des compétitions régionales, nationales ou même internationales. Je me lance aussi dans des courses de longue distance : marathon de Bessans (42 kilomètres), traversées du Queyras et du Vercors (50 kilomètres), Transjurassienne (68 kilomètres), Engadine (42 kilomètres), Dolomitenlauf (60 kilomètres). Je participe même à la première édition ouverte aux femmes de la Marcialonga dans les Dolomites italiennes : toutes les femmes sont fêtées, encouragées et même poussées dans les montées, avec parfois quelques mains baladeuses... Le public italien, très impressionné de voir des femmes courir sur 70 kilomètres, manifeste chaleureusement son soutien. Avec J.-J., nous partons chacun notre tour pour ces voyages, et lui va courir la Finlandia-hiihto, 80 kilomètres, en Finlande. Le ski de fond reste la base de notre entraînement hivernal. C'est aussi pour mon père l'occasion de participer avec moi à certaines grandes courses populaires. À cinquante ans, comme il est très volontaire, il réalise enfin ses rêves de jeunesse.

Yann fait ses premiers pas à skis et ce sont pour moi de grands moments de plaisir que nous partageons. En l'encourageant, le rassurant, le félicitant, nous construisons petit à petit une complicité affectueuse. Comme la plupart des enfants, il adore descendre les pistes et il progresse très vite. Au printemps, si nous faisons un peu de bloc en école d'escalade, notre petit Yann, au caractère indépendant, « grimpaille » sur les rochers ou, le plus souvent, joue avec un brin d'herbe ou se raconte des histoires. Quand il ne passe pas une partie de l'été avec ses cousins, il nous accompagne en camping où nous le faisons garder par une nounou pour pouvoir partir en course. Le soir, c'est toujours une fête de se retrouver.

Dans le massif des Écrins, nous gravissons la face sud des Bans, l'Olan par les voies *Devies-Gervasutti* et *Couzy-Desmaison*, les faces sud du Doigt de Dieu et de la Troisième Dent à la Meije, l'Ailefroide par la *Devies-Gervasutti*, considérée à l'époque comme l'une des voies les plus difficiles du massif. Dans les Dolomites, nous enchaînons, toujours en réversible, la plupart des grandes classiques dont la *Cassin* et la *Comici* dans les Tre Cime di Lavaredo, ou la voie *Andrich-Faè* à la Punta Civetta.

À Chamonix aussi nous grimpons les voies les plus réputées pour l'époque dans les aiguilles, notamment la fissure *Brown* à Blaitière. La fissure est déversée, assez large, très peu équipée car impitonnable, dans laquelle est coincée une planchette de bois, seul point d'assurage dans la longueur, sur laquelle il faut se rétablir. C'est un combat centimètre par centimètre, avec l'impression d'être éjecté vers le vide. J.-J. en vient à bout après une lutte épique, en grosses chaussures, gagnée grâce à sa pugnacité. Pour moi, le niveau d'escalade en fissure est extrême, je ne l'ai pas encore acquis et cela me laisse complètement exsangue !

Directe Américaine aux Drus

Partis par le téléphérique des Grands-Montets en ce matin de l'été 1977, nous nous dirigeons, en compagnie de notre ami Bada – Daniel Badaroux – et de son compagnon de cordée Jean-Jacques Jaouen, vers le pied des Drus. Bada, qui a fait le stage de guide avec J.-J., est un joyeux luron qui a toujours des blagues à raconter. Il fait très beau et nous comptons profiter de ces bonnes conditions pour gravir la *Directe Américaine*. C'est une variante de la face ouest des Drus, très appréciée pour ses belles fissures, ouverte en 1962 par les grimpeurs américains Royal Robbins et Gary Hemming, alors célèbres au Yosemite, en Californie. Cette voie a l'avantage d'éviter le couloir situé au pied de l'itinéraire classique de la face ouest, qui est très dangereux à cause des pierres qui le dévalent régulièrement. Nous avons du matériel de bivouac car nous comptons sortir au sommet des Drus en rejoignant la voie de la face ouest dans le dernier tiers. Nous installons notre bivouac sur une terrasse, avant les grosses difficultés.

Le lendemain, nous gravissons des fissures athlétiques, pénibles car nous sommes chargés. J.-J. grimpe en chaussons en portant ses chaussures de montagne, plus une partie du matériel de bivouac. Pour ma part, j'ai fait le choix de grimper en « grosses » car je ne voulais pas me surcharger davantage. Parfois mon compagnon me donne ses chaussures à porter quand la fissure lui paraît lisse et difficile… Et j'en bave ! Pour éviter de mettre des pitons, quand c'est possible, il utilise des coinceurs pour s'assurer dans les longueurs. Nous en avons de tailles et formes très variées : les « stoppers », de petites pièces métalliques plus ou moins épaisses avec un câble rigide pour mettre le mousqueton d'assurage, sont utilisés dans les fissures fines ; les « excentriques », qui ressemblent à de gros boulons (certains ont même la grosseur d'un poing) avec un anneau de corde pour passer le mousqueton d'assurage, sont utilisés dans des fissures plus larges. Leur placement peut être très aléatoire et il arrive qu'ils sortent de leur emplacement au moment où on tire la corde, auquel cas il vaut mieux un bon piton !

Une fois arrivés au « bloc coincé » qui marque la fin de la variante de la *Directe Américaine*, nous poursuivons dans la face ouest par le dièdre de 90 mètres. Ce sont deux longueurs d'artif très soutenues. Comme les bords de la fissure sont particulièrement lisses, nous nous aidons des pitons en place pour progresser et l'ensemble est très athlétique.

Après un petit pendule, nous arrivons à la fameuse « vire des Allemands ». J.-J., qui s'est nourri de lectures relatant les exploits d'alpinistes, connaît plein d'histoires palpitantes et il m'apprend que cette vire a été le théâtre d'un sauvetage célèbre en 1966 pour récupérer deux Allemands épuisés qui, ne pouvant passer à nouveau le pendule pour s'échapper, y sont restés bloqués plusieurs jours. Comme c'était le premier sauvetage important en paroi, il a été largement couvert par la presse de l'époque et beaucoup de moyens ont été mis en œuvre pour porter secours aux Allemands : les militaires de l'EHM (École de haute montagne) voulaient les secourir depuis le sommet des Drus et la Compagnie des guides de Chamonix et l'ENSA (École nationale de ski et d'alpinisme) par la face nord. Finalement, et malgré des conditions météo exécrables, c'est une équipe composée entre autres de René Desmaison et Gary Hemming qui, en unissant leurs efforts, ont réussi à les atteindre en gravissant la face ouest, considérée comme une très grande course, puis les ont redescendus par la *Directe Américaine*, itinéraire beaucoup plus facile à sécuriser. La presse les considérera comme des héros, tandis qu'ils seront sévèrement critiqués par les guides de Chamonix. Le grand public fera ainsi la connaissance d'un Gary Hemming, surnommé le grimpeur « beatnik », attachant et généreux, et d'un Desmaison, solide et déterminé, au début de sa célèbre carrière d'alpiniste.

Depuis cette fameuse vire, nous découvrons des grimpeurs un peu plus bas sur notre droite, bataillant dans la *Directissime*. C'est notre ami Jean-Claude Marmier avec ses collègues du Groupe militaire de haute montagne qui répètent cette voie extrême et très engagée. Nous les encourageons car ils ne sont pas encore en haut !

Au crépuscule, nous atteignons l'arête à une longueur du sommet et une large terrasse qui va nous offrir un bivouac confortable. Les magnifiques stries orange puis mauves qui colorent le couchant ne nous inquiètent pas plus que cela. Nous nous régalons d'un bon petit repas, confiants, persuadés que la voie est faite et bien faite… Nous nous installons J.-J. et moi dans un duvet une place et demie commandé sur mesure : il a l'avantage d'être plus léger que deux duvets, mais nous oblige à nous retourner en même temps et à rester serrés toute la nuit…

À l'aube, le vent se lève et le ciel est couvert de gros nuages menaçants. Il faut sortir au sommet. Quand J.-J. attaque la dernière longueur au-dessus du bivouac, la neige commence à tomber ! Le froid tétanise nos doigts et nous glace complètement. Une fois en haut, nous sommes tout à fait perdus dans une averse de neige qui se transforme en tempête. Le versant que l'on doit descendre est maintenant une pente de neige, alors qu'habituellement il y a un cheminement en désescalade. Il va falloir poser des rappels car il est impraticable. Bada passe en premier pour trouver des emplacements de relais et nous entamons la descente les uns derrière les autres. La neige, très mouillée, nous trempe rapidement. Heureusement, nous avons acheté à Chamonix, juste avant la course, les premiers descendeurs en « huit » qui viennent de sortir ! Jusqu'à maintenant, nous effectuions les rappels avec la corde enroulée entre les jambes et à l'épaule selon la méthode dite en « S ». L'utilisation de ce descendeur est bien plus aisée, mais il essore la corde en glissant, l'eau pénètre par mes manches et je la sens qui coule directement sur mon corps jusqu'à mes jambes ! Nos vestes en toile, élégantes dans les rues de Chamonix, deviennent de véritables éponges… Il faut perdre de l'altitude au plus vite pour éviter de geler complètement.

Avec J.-J., nous rappelons les cordes pendant que nos amis installent les relais suivants. Il faut du matériel (pitons, anneaux) pour poser ces rappels et Bada, malgré sa débrouillardise, commence à être à court. Les cordes que nous plions pour le rappel suivant sont gelées et aussi raides que des câbles métalliques. Le brouillard nous entoure toujours, tout est blanc et la face n'est plus qu'une pente de neige très raide où coulent, par moments, des avalanches. Nous ne trouvons pas les vires qui permettent de traverser pour atteindre plus vite le bas de la face et nous continuons donc à descendre directement jusqu'au glacier très crevassé, ce qui n'est absolument pas l'itinéraire habituel. Lorsque nous nous en rendons compte, nous n'avons pas la force de remonter vers le refuge de la Charpoua. Les coulées ont bouché certaines crevasses et nous continuons donc notre descente vers la Mer de Glace à l'instinct, trempés et harassés, dans une atmosphère laiteuse et grise.

Arrivés aux moraines, l'un de nous propose : « Et si nous laissions nos sacs ici, on viendra les rechercher demain ? » Quelle aubaine ! Sauf qu'une fois sur la Mer de Glace, c'est une pluie battante qui nous attend et sans nos crampons, nous sommes sur une patinoire, à quatre pattes pour franchir les séracs et traverser !

La nuit est déjà avancée quand nous arrivons à la gare du petit train du Montenvers. On a beau frapper et crier, personne ne vient nous ouvrir... Trempés pour trempés, nous descendons jusqu'à Chamonix, sans les frontales laissées dans les sacs, en suivant les rails du train, même dans les tunnels, pour ne pas se perdre dans l'obscurité totale. Vers 3 heures du matin, nous atteignons notre petite tente où nous pouvons, enfin, enfiler des vêtements secs...

Aujourd'hui, le souvenir qui me reste de la *Directe Américaine*, c'est davantage la galère de cette descente que les belles fissures dans le rocher magnifique. Cette voie, qui est une variante de la face ouest, sera souvent gravie dans les années suivantes en une journée, sans sac à dos et en chaussons, car les grimpeurs redescendront en rappel depuis « le bloc coincé » qui marque la fin de la variante. L'ascension ainsi réalisée est complètement différente, parce qu'elle raccourcit cette course et la rend moins engagée. Cela marquera le début d'une révolution dans l'escalade : l'objectif ne sera plus forcément le sommet d'une montagne, mais la fin des difficultés. La descente en rappel de la voie évitera un détour fastidieux par le sommet et surtout permettra de grimper léger car tout le matériel pour l'approche (chaussures, crampons, piolets, éventuellement matériel de bivouac) sera laissé au pied de la voie !

Le mauvais temps semble bien installé sur les Alpes. Nous remontons récupérer nos sacs tandis que l'hélicoptère tourne le long des Drus pour porter secours à la cordée de Jean-Claude Marmier qui est maintenant coincée dans la face. Nous terminons la semaine en participant à une grande manif contre la centrale nucléaire de Super Phoenix à Creys-Maleville dans le Bugey, dans la boue et la pluie… Nous sommes habitués !

***

Nous sommes installés au camping à Chamonix en compagnie de quelques amis. En revenant d'une course, la nuit, Yann commence à présenter des signes alarmants de difficulté à respirer. Il a une laryngite aiguë et nous savons que nous ne disposons que de quelques minutes pour le sauver. J.-J. installe en quatrième vitesse notre camping-gaz sous la tente et lui penche la tête au-dessus d'une casserole d'eau bouillante. Respirer les vapeurs peut permettre à l'œdème de dégonfler et laisser Yann retrouver son souffle. Ces instants où tout peut basculer me terrifient. Je voudrais l'aider à respirer, lui transmettre l'énergie pour lutter et je ne peux rien faire. J'essaye de le calmer en lui parlant tranquillement car il s'affole, mais je suis encore plus bouleversée que lui et je cache ma peur pour ne pas l'inquiéter davantage. J.-J. a réagi au plus vite en utilisant les moyens du bord avec la casserole d'eau bouillante. Nous continuons à parler à Yann calmement et il arrive à maîtriser petit à petit sa respiration, ce qui est étonnant chez un aussi petit bonhomme. Au bout de quelques minutes, il fait encore du bruit en respirant mais la crise est passée et j'essaye de le rendormir en le cajolant.

Nous n'aurions pas eu le temps d'aller aux urgences à l'hôpital de Chamonix. Je me sens coupable de ne pas avoir été là pour déceler les premiers signes. Je me pose la question de notre manière de vivre, des choix que nous faisons de partir régulièrement avec J.-J., ensemble, et des risques que nous prenons. C'est un problème auquel je pense souvent et ne veux pas donner de réponse. Je me demande aussi comment il vit notre absence. Je me dis que tous les enfants ont besoin de leurs parents, mais que c'est la qualité et non la quantité de temps qu'on passe avec eux qui compte. C'est peut-être ce qui me différencie de beaucoup de femmes à l'époque, qui pensent que leur rôle est de rester à la maison pour s'occuper des enfants. Dans cette génération d'après-guerre, certaines femmes veulent plus d'indépendance, notamment sur le plan professionnel, mais ce sont quand même toujours elles qui ont la charge des enfants. C'est pour mes loisirs – en tout cas pour le moment – que je laisse ponctuellement Yann à la charge d'autres personnes. Comment défendre ce choix autrement qu'en évoquant la passion que je partage avec son père et qui fait partie de nous, de notre personnalité, de notre envie de vivre et de notre épanouissement ? Si je devais la sacrifier, il me manquerait une partie de moi-même.

Face nord des Grandes Jorasses

Après la face ouest des Drus, que pouvait-on rêver de mieux que l'éperon Walker aux Grandes Jorasses ? À l'époque, cette face nord n'était qu'exceptionnellement en bonnes conditions. Certains étés, elle n'était même jamais gravie tellement elle restait couverte de neige et de glace. Seules des expéditions d'alpinistes russes, très aguerris, en faisaient un objectif durant six, sept ou huit jours. Ils progressaient lentement, comme dans une expédition himalayenne, avec un « leader » qui passait coûte que coûte, alors que les suivants montaient au jumar.

Cet été-là, nous guettons la paroi, attendant qu'elle soit prête à nous accueillir. Vers la fin du mois d'août, enfin, les choses se précisent et nous décidons d'un assaut, avec notre ami Bada. Nous montons bivouaquer au-dessus du Montenvers et nous rejoignons le pied de la face tôt le lendemain.

Pour plus de rapidité, J.-J. prend la tête et, avec Bada, nous suivons en portant les gros sacs. Nous remontons allègrement la variante *Rébuffat* et progressons dans la voie jusqu'au sommet du dièdre de 75 mètres. Là, tout d'un coup, les choses se gâtent… Le mauvais temps nous surprend et la grêle s'abat sur nous. Une quantité astronomique d'énormes boules de glace nous bombarde au relais où je me trouve avec mon compagnon. Le flot de glace qui tombe est si important que nous n'arrivons pas, bouche contre oreille, à nous entendre. La grêle est canalisée par les dalles au-dessus de nous et vient s'entasser entre la paroi et nos jambes. Bien qu'attachés au relais, nous sommes repoussés vers le vide, nos pieds ne touchent plus la petite plate-forme qui nous a accueillis. Pendant un moment, je me demande si nous n'allons pas mourir noyés sous cette glace ! Je n'ai jamais subi un orage d'une telle violence en montagne. Il ne nous permet même pas de sortir de nos sacs un vêtement pour nous abriter.

La tempête s'arrête aussi soudainement qu'elle s'est déclenchée et nous apercevons Chamonix sous le soleil ! Nous sommes dans le seul endroit du massif à avoir reçu ce « cadeau du ciel » qui nous laisse sonnés, mouillés et découragés. Nous posons les rappels pour bivouaquer au sommet des fissures Rébuffat et, après une nuit passée à grelotter, nous descendons directement au glacier. Toute la face est verglacée.

Décidément, la météo de Chamonix nous réserve beaucoup de mauvaises surprises cet été. Tant pis pour la *Walker*, ce sera pour une autre fois !

Au cours de l'automne, nous organisons une expédition légère entre copains au Cachemire indien qui vient de s'ouvrir au tourisme. Cette fois, nous avons choisi sérieusement notre équipe et tout le voyage est très sympa, entre découverte du Ladakh, ascension d'un sommet de 6 153 mètres près de Leh, le Stok Kangri, et trek dans des vallées perdues près de Srinagar…

Gorges du Verdon

Au printemps 1978, toujours à la recherche de nouvelles falaises, nous nous tournons vers les grandes voies des gorges du Verdon. Depuis quelques années, une poignée de grimpeurs pionniers ont réussi à faire des différentes falaises qui bordent le Verdon l'un des hauts lieux de l'escalade en France et dans le monde. La paroi phare des gorges est la falaise de l'Escalès qui atteint 350 mètres, d'un rocher d'une qualité exceptionnelle et d'une verticalité souvent parfaite. Les premières voies ouvertes utilisent des fissures-dièdres, puis les grandes dalles grises qui sont de véritables sculptures. C'est un monde à part, avec ses codes et ses héros : parmi eux notre ami François Guillot et Joël Coqueugniot, Patrick Cordier, Jacques Perrier dit « Pschitt », Bernard Gorgeon… C'est un peu la chasse gardée des Marseillais et nous n'avons pas toujours les bonnes informations. En tant que Haut-Alpins isolés dans une région qui compte peu de grimpeurs, nous ne sommes intégrés à aucun groupe.

Ce qui fait l'étrangeté des escalades ici, c'est qu'il faut souvent commencer par descendre en rappel pour rejoindre un jardin suspendu dans la paroi d'où partent une ou plusieurs voies. Il faut donc essayer de se repérer pour trouver les relais de départ des rappels ou, au pire, poser son rappel directement sur la barrière au bord de la route, les parois tombant à pic depuis les parkings de la route des Crêtes !

Nous avons choisi comme expérience initiatique la voie *Luna Bong.* Ainsi, par un frais matin, après un petit frisson pour s'habituer au vide au moment de s'élancer vers le bas, nous tirons plusieurs rappels dans la voie de *L'Ascension* et rejoignons la terrasse de l'*ORNI.* Nous prenons pied dans une « forêt vierge » où il faut batailler pour avancer, ce qui nous laisse à penser que nous sommes presque les premiers et peut-être pas au bon endroit… Qu'à cela ne tienne, après quelques égratignures et escalades herbeuses, nous arrivons au pied de notre *Luna Bong,* une fissure très caractéristique se terminant dans un gros surplomb. Nous sommes toujours sur une terrasse médiane et nous ne voyons pas le bas de la falaise qui est complètement surplombant. La sortie est donc obligatoirement par le haut !

J.-J. décide d'éviter la première longueur en fissure car elle paraît peu équipée et la variante en dalle à gauche est plus facile. Quand je le rejoins au premier relais, nous avons l'impression de voir des grimpeurs se balancer au sommet de la fissure dans le surplomb final ! Je continue maintenant dans la fissure, coinçant tantôt les mains, tantôt les pieds, et j'arrive à placer quelques assurages sur coinceurs car il y a très peu de pitons. Les « excentriques » peuvent sembler parfois très bien placés, mais quand j'avale la corde une fois au relais, j'en vois surgir de leur emplacement et glisser sur la corde. Voilà un assurage bien éphémère ! Une fois installée au deuxième relais, assez exigu, je vois une corde qui descend jusqu'à moi, puis un grimpeur tout étonné de me trouver là…

« Qu'est-ce que vous faites ? lancé-je à cet ovni qui m'arrive dessus.

– Ben, c'est la voie de descente pour rejoindre la vire ! »

Sacré Georges Prioreschi ! Cette rencontre va non seulement nous ouvrir les portes du monde des grimpeurs du Verdon, mais ce sera surtout le début d'une longue et fidèle amitié. Les rires et la bonne humeur nous accompagnent dans notre escalade ce jour-là, tandis que nous croisons un défilé ininterrompu de cordées avec qui il faut partager les relais très étroits. La fissure est soutenue dans la difficulté et le vide prend de plus en plus de place. Heureusement, un arbre tentaculaire nous offre ses branches pour y installer le dernier relais. Nous apprendrons à apprivoiser ces arbres typiques des falaises du Verdon – les « bananiers » comme les appellent les Marseillais ! –, situés dans des zones surplombantes et qui offrent un refuge inespéré pour combattre l'abîme… Quel plaisir d'en saisir à pleines mains les grosses branches et de s'asseoir dessus, les pieds dans le vide ! Encore un gros effort pour sortir le dévers final, coté VI/A2 à l'époque !

Maintenant, nous sommes accros au Verdon et dans les semaines qui suivent nous allons parcourir toutes les grandes classiques : *La Demande*, *Éperon sublime*, *Ula*, *Pilier des écureuils*, *Les Enragés*, *Paroi rouge*, *Péril jaune*, *Roumagaou*… Nous recherchons aussi les fissures, de plus en plus dures : *Les Barjots*, *Estamporanée*… Une boulimie d'escalade nous prend au Verdon, plus on en fait, plus on a envie d'en faire ! De Briançon, nous descendons en semaine pour gravir toutes les dernières voies ouvertes.

Henri Agresti nous propose de participer à *La Porte des Cieux*, le film qu'il tourne dans les gorges du Verdon avec les grimpeurs locaux. C'est une idée très originale pour l'époque et nous sommes fiers d'y participer. Avec peu de moyens, Henri parvient à restituer l'ambiance du Verdon. Aujourd'hui, c'est un véritable document historique sur les pratiques de l'escalade dans ces années-là. Henri veut me confier sa femme, Isabelle, pour une ascension de l'*Éperon sublime*. J'en suis ravie car je m'entends très bien avec elle et elle n'a pas dû grimper souvent avec quelqu'un d'autre que son mari… C'est aussi la première fois que je fais cordée avec une femme dans une paroi difficile. Vu l'aisance d'Isabelle en escalade et sa modestie, c'est un vrai plaisir partagé qui scellera notre amitié.

Toutes ces ascensions rocheuses sont pour nous le tremplin vers un monde d'une dimension encore plus incroyable : le Yosemite. C'est le « must du must » où vivent les meilleurs grimpeurs du monde et c'est donc là qu'il nous faut aller pour satisfaire notre curiosité et notre insatiable besoin de rocher.

Yosemite (USA)

Depuis le milieu des années 1950, un groupe de grimpeurs barbus et chevelus ont investi la vallée du Yosemite, en Californie, inventant un monde d'aventure et de liberté en réaction contre la société de consommation américaine. Ils se sont approprié le « Camp 4 », un camping très sommaire, vivant au jour le jour et consacrant leur temps à ouvrir des itinéraires de plus en plus spectaculaires dans toutes les parois du parc national. Autour de Royal Robbins, ces pionniers originaux sont entre autres Yvon Chouinard, Tom Frost, John Salathé… qui ont laissé leur nom dans de grandes voies désormais classiques.

La première grande voie ouverte dans la face nord du Half Dome en cinq jours, véritable expédition dans un monde vertical, porte la signature de Royal Robbins. L'ascension du Capitan, formidable muraille granitique de 1 000 mètres de haut qui monte la garde à l'entrée de la vallée, paraît être une mission impossible. Warren Harding décide d'en faire le siège et, moyennant un nombre incalculable de cordes fixes, ouvre la voie du *Nose* sur une période de dix-huit mois. Royal Robbins, qui n'apprécie pas cette méthode et veut garder une certaine éthique dans l'ouverture, prendra sa revanche en répétant la voie du *Nose* en une semaine ! Cette voie va devenir l'emblème du Yosemite et sera le challenge de toutes les générations futures qui voudront repousser au maximum leurs limites.

Dans les années 1970, une nouvelle génération met l'entraînement spécifique au cœur de l'escalade pour élever le niveau : Jim Bridwel grimpe le *Nose* en un jour tandis que John Bachar se spécialise dans le solo intégral… Peu de Français se sont encore illustrés dans ce monde vertical lorsque Patrick Cordier signe la première ascension du *Nose* en solitaire, dévoilant le mythe américain aux grimpeurs français.

Septembre 1978 : notre arrivée dans la vallée du Yosemite est à la fois un choc devant le Capitan, avec ces 1 000 mètres de granit ocre aux fissures monumentales, et une révélation, car nous pénétrons dans le sanctuaire des grimpeurs américains. L'ensemble de la paroi devient complètement déversé vers le haut, avec des arches aussi grosses que des cathédrales. C'est un monde en trois dimensions, à la fois grandiose et extrêmement impressionnant. En outre, une multitude d'autres parois parsèment la vallée, toutes plus belles les unes que les autres.

Nous débarquons directement par l'autobus depuis l'aéroport de San Francisco, très lourdement chargés en matériel et nous nous posons au Camp 4. Nous avons cinq semaines pour nous habituer et nous préparer aux grandes ascensions que nous convoitons. Le temps d'aller au centre commercial et notre tente est déjà percée par de petits visiteurs très gourmands, les *cheapmunks*, de petits écureuils mascottes de la vallée. Il va falloir se méfier des animaux et surtout des ours qui fréquentent les campings à la recherche de ravitaillement. De gros coffres métalliques avec des ouvertures sophistiquées sont disponibles pour protéger la nourriture.

Nous nous habituons petit à petit à l'escalade américaine, notamment aux fissures qui n'ont rien à voir avec celles du Verdon ! Le rocher du Capitan est cuit par le soleil, poli et très glissant. Les premières longueurs que nous grimpons à sa base nous calment vite ; les Américains, parfaitement habitués, sont très forts. À l'époque, les *friends*, ces pièces métalliques qui peuvent se régler à la dimension de la fissure ou du trou n'ont pas encore été inventés. Malgré tout l'attirail disponible pour s'assurer, une énorme variété de pitons – des ultra-plats aux plus larges cornières –, des coinceurs de tailles et formes très variables, nous nous sentons bien petits dans ce nouveau monde.

Après quelques voies d'entraînement et un bivouac en paroi organisé dans *Washington Column* pour tester la méthode de hissage des sacs, nous partons pour la face nord du Half Dome qui domine la vallée, où il fera moins chaud grâce à l'altitude. Il nous faut déjà une journée pour en atteindre le pied. Nous comprenons qu'une partie de la difficulté de ces voies sera de porter le matériel nécessaire à l'ascension et au bivouac, et surtout l'eau. Vu la difficulté de l'escalade, nous savons que nous ne pourrons pas grimper avec un sac sur le dos, il nous faudra donc le hisser.

Une fois engagés dans la voie, nous apprécions cette escalade dans de grosses écailles sur un rocher plus granuleux et adhérent. Les longueurs s'enchaînent lorsque d'un coup la fissure s'interrompt, laissant place à une dalle complètement lisse où il est impossible de grimper. Les premiers ascensionnistes ont contourné le problème en inventant des pendules spectaculaires.

« J'arrive au pendule, laisse-moi descendre doucement. » J.-J. a passé sa corde dans le dernier point d'assurage et il doit atteindre une fissure plus bas sur la droite en se balançant. « Attends, il faut que je prenne de l'élan… » Il se met à courir sur les dalles de rocher dans un sens puis dans l'autre et s'élance pour atteindre l'autre fissure à droite ! « Ouf, c'est bon ! Je vais monter au maximum pour pouvoir bien t'assurer… »

« Relais ! Tu peux envoyer le sac… » Pendant qu'il tire le sac, je le maintiens avec le reste de la corde pour qu'il n'aille pas valser trop loin, mais une fois en bout de corde je suis obligée de le lâcher et notre précieux bagage se met à tournoyer à toute vitesse contre la paroi !

C'est à moi maintenant de faire mon numéro de voltige. « Bloque-moi bien ! » Au moment de quitter le dernier point d'assurage, j'essaie de garder les pieds bien à plat sur la dalle et surtout de ne pas me râper sur le rocher…

Les cheminées suivantes se grimpent en « ramonage », le dos appuyé d'un côté et les chaussons à plat sur le rocher. Enfin nous atteignons, au soir du premier jour, les Sandy Ledges qui sont le meilleur emplacement de bivouac de la voie. Nous faisons connaissance avec une cordée d'Américains déjà installée. Ils ont une manière très cool de grimper dans les grands murs, jamais pressés car ils n'ont pas peur de la météo qui n'offre que très rarement des mauvaises surprises. Ils transportent beaucoup de matériel, de vivres et d'eau, qu'ils doivent hisser mais qui leur garantit plusieurs jours d'autonomie. Ils parlent de « vivre la vie du mur » et leur philosophie est très apaisante, sauf quand on est derrière eux et qu'ils mettent une demi-journée pour faire trois longueurs comme c'est le cas le lendemain matin !

La longue fissure que nous suivons après le bivouac s'interrompt sur une vire minuscule à gauche, nommée par les ouvreurs *Thank God Ledge!* (« Dieu merci une vire ! »). C'est le passage clé de la voie et nous n'avons pas vraiment envie de remercier Dieu quand nous voyons comment il va falloir le négocier : traverser à l'horizontale d'abord en mettant les mains sur la vire et les pieds dans le vide, puis se rétablir et continuer debout alors qu'elle est de plus en plus étroite et qu'il n'y a pratiquement pas d'assurage ! Un coup d'œil vers le bas en direction des grandes dalles lisses et déversées de la face me donne un peu le tournis… Je me concentre sur cette traversée très exposée pour chacun des membres de la cordée.

Les difficultés sont terminées et nous atteignons le sommet au crépuscule. Nous dominons les hauts plateaux de la Sierra Nevada couverts de forêts d'où surgissent d'autres dômes de granit. Quelques lacs aussi parsèment ce paysage qui restera pour moi le symbole des grands espaces de l'Ouest américain et me donnera le désir indéfectible d'y revenir. Nous venons de vivre notre première grande aventure dans un *big wall* du Yosemite et nous sommes très excités et conquis par ce style d'escalade : le rocher est absolument magnifique et chaque longueur offre un combat différent qui n'est pas gagné sans un certain bricolage pour s'assurer. Je me sens minuscule dans ces immenses parois où les fissures me semblent interminables et je sais que nous ne devons compter que sur nous-mêmes pour surmonter tous les obstacles. J.-J. a trouvé un terrain de jeu où il peut donner toute son énergie, exprimer sa combativité pour grimper, et utiliser son ingéniosité afin de nous sortir de toutes les situations embarrassantes. J'ai, plus que jamais, infiniment confiance en lui.

Un coup de téléphone en France pour avoir des nouvelles de Yann nous rassure et nous montre que nous sommes moins isolés qu'il n'y paraît. Il profite d'un séjour chez ma sœur avec ses cousins et n'a pas l'air de trouver le temps trop long.

Nous prévoyons donc maintenant l'escalade du Capitan et nous allons faire équipe avec des amis italiens que nous avons retrouvés sur place. Il s'agit des célèbres grimpeurs Gian Carlo Grassi et Renato Casarotto, qui ont à leur actif une expérience alpine que nous sommes loin de posséder. Vu l'enjeu, ils ne sont pas opposés à ce que nous unissions nos efforts et, de notre côté, nous sommes heureux de participer à cette aventure avec eux. Nous choisissons la voie *Triple Direct* qui est en fait une combinaison de trois voies : le début de *Salathé*, la deuxième partie du *Muir Wall* et la sortie par le *Nose*. Nous préférons opter pour cette combinaison afin d'éviter la grosse fréquentation au départ du *Nose* : c'est la voie que tous les grimpeurs veulent faire, même s'ils n'ont pas le niveau. Les cordées peuvent être très lentes, comme nous l'avons expérimenté dans la précédente ascension ; en plus, il y a beaucoup de pendules et il est très difficile de doubler les grimpeurs.

Nous mettons à profit la technique généralement utilisée pour cette longue ascension, c'est-à-dire grimper légers la première journée, sans sac de hissage. Nous prévoyons de retourner coucher dans la vallée en laissant des cordes fixes en place pour pouvoir les remonter le lendemain au jumar sans réescalader les passages. Cette première journée est éprouvante à cause de la chaleur, les pieds brûlent dans les chaussons et nous comprenons qu'il nous faudra prévoir de l'eau en quantité.

L'escalade est très impressionnante, avec des successions de fissures, puis une dalle complètement lisse qui était équipée à l'origine de « rivets » (de petits pitons enfoncés après perforation du rocher). Malheureusement, ces rivets ne sont plus en place et nous devons utiliser un petit crochet pointu que l'on enfile dans le trou vide. Sur le crochet, une sangle nous permet de mettre un pied pour monter. C'est une technique terrifiante car si le crochet saute – et il ne faut pas grand-chose pour que cela arrive –, il n'y a plus d'assurage. On risque alors de glisser et de faire vingt mètres de vol ! Ces équipements anciens ne sont pas renouvelés car les grimpeurs de la vallée ont une éthique très exigeante et refusent de mettre des pitons à expansion beaucoup plus solides mais qui détériorent le rocher.

Plus haut, nous gravissons la fissure déversée appelée Half Dollar dans laquelle il faut se coincer pour progresser lentement… Nous atteignons les Mammoth Terraces d'où nous quittons la voie *Salathé*. Nous laissons là une grosse partie de notre matériel de progression (marteaux, pitons, mousquetons, coinceurs) et descendons en rappel nous reposer dans la vallée. Les grandes dalles inondées de soleil ont capté la chaleur toute la journée et le rocher est brûlant. Arrivée en bas, je me jette dans la rivière majestueuse qui coule au pied du Capitan dans un lit de sable blond. L'eau glacée ne m'arrête pas, j'en ai rêvé toute la journée, pendue dans la chaleur de la face.

Le lendemain, à l'aube, nous attaquons la remontée des cordes au jumar, avec notre sac de hissage d'au moins 40 kilos dans lequel nous avons plus de 25 litres d'eau, des vivres pour quatre jours et du matériel de bivouac. Nous avons quatre cordes de 50 mètres à remonter sur des dalles très lisses. Le premier monte au relais et hisse le sac en se repoussant de la paroi grâce au baudrier ; la corde du sac est bloquée par deux jumars au fur et à mesure du hissage. Pendant ce temps, le deuxième remonte au jumar sur la corde fixe. Malgré sa lenteur, c'est la manière la moins fatigante de progresser. Une fois sur les terrasses, je comprends que l'aventure commence vraiment. Nous sommes partis pour un voyage vertical de plusieurs jours, où il faudra supporter la chaleur et donner toute notre énergie dans une escalade très athlétique.

Cette partie de l'escalade dans le *Muir Wall*, peu équipée, n'est pas très classique. J.-J. mène la danse devant les Italiens. Il complète l'équipement en coinceurs et pitons que nos amis récupèrent. En fin d'après-midi, nous atteignons de vagues vires, les Grey Ledges, où nous pouvons bivouaquer. Nous assistons à un échange un peu corsé entre nos deux compères quand Gian Carlo s'aperçoit que Renato a bu une grande quantité d'eau, mettant en péril leurs réserves pour la suite de l'ascension ! Il faut dire que Renato est une véritable force de la nature et qu'il est habitué aux très longs solos. Il vient de gravir en solitaire la face nord-ouest du Huascaran au Pérou en vingt-quatre jours !

Ce sont les Italiens qui prennent la tête le lendemain et nous poursuivons l'ascension par des longueurs très soutenues. Renato, qui est très grand et qui a une force phénoménale, habitué aux voies d'artif des Dolomites, pitonne à bout de bras, les pieds au sommet des pédales… J.-J., qui est beaucoup plus petit, a du mal à atteindre les points que Renato a placés et s'inquiète car il n'a pas de matériel complémentaire. Pour ma part, je me démène pour dépitonner, mais les pitons ont été enfoncés avec une telle force que parfois je dois en abandonner. Une traversée équipée de rivets va nous permettre de revenir vers la voie du *Nose*. Le hissage du sac dans les traversées devient compliqué, car si on le laisse aller, il part en tournoyant et effectue un gigantesque pendule qui peut le faire exploser s'il touche la paroi, risquant de nous faire perdre notre eau si précieuse.

Au moment de nous arrêter pour bivouaquer, nos amis nous annoncent qu'il n'y a pas de place pour quatre là où ils sont. Nous devons donc trouver un emplacement de bivouac avant d'arriver jusqu'à eux… Faute de plateforme, nous allons passer la nuit suspendus dans nos baudriers. Au petit matin, quand nous les rejoignons, tout endoloris, nous découvrons avec stupéfaction que la vire où ils ont dormi aurait pu nous héberger tous les quatre!

Nous poursuivons dans les longueurs du *Nose* jusqu'au pied du Grand Toit. C'est un passage mythique, avec un vide incroyable sous les pieds, des volumes de rocher qui forment d'énormes arches, des lignes de fissures ocre d'une grande pureté. Aux deux tiers de la face, nous sommes maintenant complètement déconnectés du monde. Tout l'itinéraire du *Nose* se déroule sous nos pieds, depuis les grandes dalles qui surgissent des séquoias et qui, au fur et à mesure qu'elles nous rejoignent, finissent dans un à-pic vertigineux. Nous savons que la sortie, qui semble encore bien loin, doit se faire par le haut.

La voie semble plus fréquentée et nous trouvons beaucoup plus de coinceurs restés en place dans les fissures. Enfin nous atteignons le prochain bivouac sur la petite vire du camp VI. Peut-être demain serons-nous en haut… Le sac est maintenant léger et il y a un peu plus d'air dans la journée, qui atténue la chaleur du soleil, même si les pieds, compressés dans les chaussons, sont toujours douloureux à force de s'appuyer sur le rocher brûlant.

En milieu de journée le lendemain, nous prenons pied sur le plateau sommital du Capitan formé de grandes dalles plates de granit et de pins tordus. L'aventure s'achève après cinq jours d'escalade. Jamais nous n'avons passé autant de temps dans la même voie et cette ascension de 1 000 mètres restera pour nous l'un des moments les plus forts de notre vie de grimpeurs. Tandis que nous descendons vers le Camp 4 par un bon sentier, un ours s'enfuit à notre approche…

Nouvelle expédition au Pérou : Pariacaca et Alpamayo

Quelques mois plus tard, nous partons explorer une cordillère secondaire au Pérou grâce à Pépé, un ami péruvien, qui nous a montré une photo superbe du Pariacaca, montagne sacrée des Incas et sommet probablement vierge d'environ 5 900 mètres, situé à l'est de Lima près de la forêt amazonienne. Cet objectif, qui doit être un entraînement avant des sommets plus prestigieux en cordillère Blanche, nous laisse présager un voyage plein d'imprévus en compagnie de nos amis grenoblois, François et Éliane Cheruy, et de notre guide Pépé Pinzas.

Nous empruntons le seul moyen local pour atteindre notre destination : un vieux bus en très mauvais état, tellement bondé que même l'allée centrale est occupée par des paysannes assises sur leurs ballots avec leurs grandes robes aux multiples jupons. La piste en terre qui mène par de nombreux lacets au dernier village est si mauvaise que le conducteur du bus coupe les virages en descendant par des raccourcis. Au début de chaque descente, les femmes se signent : les bords de la piste sont parsemés de petites croix indiquant les accidents mortels…

Au dernier village, pendant que Pépé négocie en quechua un muletier pour nous accompagner vers le sommet, je suis assaillie par des Indiennes curieuses qui viennent me toucher les cheveux, n'ayant jusqu'alors jamais vu de femme blonde !

Après une journée de marche, alors que le sommet pointe à l'horizon, notre muletier, qui ne s'est jamais aventuré aussi loin dans les montagnes, refuse de continuer plus avant. Terrifié, il nous abandonne son cheval, une mule et un âne en nous demandant de les lui ramener plus tard…

C'est donc à notre tour de charger les bêtes et de les conduire vers les sommets, par un vague cheminement de lamas, escaladant même parfois de petites barres de rochers… Au bout de deux jours, nous débouchons dans un vaste cirque avec un superbe lac, au pied du Pariacaca. Nous profitons de la mule pour transporter du matériel et monter un camp avancé dans les moraines. Avant d'entamer l'ascension, nous attachons nos montures à un piquet avec une corde qui leur permettra à la fois de boire dans le lac et de brouter quelques touffes d'herbes...

Deux jours nous sont nécessaires avec Éliane, François et Pépé pour atteindre le sommet du Pariacaca par un cheminement peu difficile. Pour eux, c'est un record d'altitude : 5 900 mètres ! De retour au lac après quelques jours, nous retrouvons nos montures emmêlées avec la corde et ayant brouté l'herbe jusqu'aux racines ! Il était temps que l'on revienne. En redescendant dans la vallée, nous découvrons une petite cabane habitée par une vieille femme qui fait sécher de la viande sur des pierres. Elle nous explique avec les mains que ce sont les seuls morceaux qui lui restent de sa chèvre attaquée par un puma. Elle nous en offre un bout que nous faisons bouillir plusieurs heures pour l'attendrir, mais que nous n'arrivons même pas à mâcher...

Nous rejoignons ensuite Huaraz, en cordillère Blanche, pour essayer de gravir l'arête nord de l'Alpamayo, sommet emblématique des Andes, magnifique pyramide de 5 947 mètres, couverte de champignons de glace et d'*ice flutes*.

Nous atteignons en camion l'hacienda Santa Cruz pour aborder l'Alpamayo par son versant est ; cet accès à l'arête nord est de loin le plus difficile, car le dénivelé est plus important, mais il ne nous oblige pas à faire le tour de la cordillère.

Nos amis Éliane et François nous accompagnent avec les mules jusqu'au camp de base, à deux jours de marche de la vallée, où ils préfèrent nous attendre. Nous nous retrouvons donc tous les deux, lourdement chargés, à remonter les moraines en direction du col est au pied de l'Alpamayo. C'est notre aventure et nous acceptons l'engagement qu'elle représente comme partie intégrante de l'ascension. Ici, pas d'hélicoptère, ni de caravane de secours : la montagne est là pour nous seuls. Disposant de peu d'informations précises, nous ne sommes même pas sûrs d'arriver par la bonne vallée !

Quand nous découvrons le versant nord-est, vers 5 200 mètres, nous sommes très désappointés : pour atteindre le col nord, au pied de l'arête, il va nous falloir traverser un glacier particulièrement crevassé et exposé aux chutes de séracs de la face nord ! Nous nous engageons dans une longue traversée, le cœur battant, regardant à la fois où l'on met les pieds et ce qui se passe au-dessus en direction des séracs. Le crépuscule nous surprend sur la dernière pente avant le col nord. C'est l'heure où les arêtes se dessinent avec le plus de netteté : d'un côté les empilements de champignons de neige, et de l'autre un abîme déjà noyé dans l'ombre. Le froid tombe et la fatigue aussi. Le bivouac est vite installé : nous n'avons qu'une tente de paroi que l'on se contente d'enfiler par-dessus notre duvet double.

Le lendemain, le beau temps est encore là : en habitués des Alpes, nous avons toujours le réflexe de scruter le ciel, redoutant un brusque changement de temps. En plus, la température, vraiment basse, va se réchauffer avec le soleil. Mais cette partie presque horizontale de l'arête nous réserve quelques surprises car elle est constituée de ressauts en glace, très raides et exposés. Cet itinéraire n'est pratiquement jamais utilisé par les expéditions qui arrivent directement à une selle neigeuse au pied de la pyramide sommitale, par le versant ouest, très crevassé mais beaucoup plus facile.

Ainsi nous gravissons un mur rocheux en IV, puis des longueurs délicates sur des champignons de glace qu'il nous faut soit contourner par des rochers brisés, soit gravir pour redescendre de l'autre côté. Après un passage mixte sans assurage pour rejoindre l'arête, je me retrouve soudain au sommet d'un champignon de neige surplombant ! Nous n'avons d'autre choix que de passer notre rappel autour du champignon pour rejoindre enfin la selle neigeuse au pied de l'arête nord. Nous décidons de bivouaquer là pour partir plus légers le lendemain et profiter d'une après-midi bien ensoleillée pour nous reposer.

Après une longue nuit pendant laquelle les rafales de vent nous obligent à nous serrer au plus fort pour ne pas perdre une miette de chaleur, J.-J. s'engage dans des longueurs rocheuses raides couvertes de verglas. Nous avançons, le souffle court, dans une ambiance austère, le froid mordant nos doigts au contact de la pierre. Nous atteignons une petite brèche d'où nous apercevons la suite de l'arête : son inclinaison a une moyenne de 50 degrés avec des ressauts beaucoup plus raides. Je continue le long d'une bande de rochers brisés parallèles à l'arête : l'escalade mixte est magnifique, les crampons mordent bien la glace dure des petites goulottes à 60 degrés environ et je navigue d'un bloc à l'autre suivant les caprices de la nature qui mêle glace, roches et pénitents. Nous atteignons le dernier rocher. Le sommet nous apparaît alors comme un dôme de neige, séparé de nous par 200 mètres de pentes et de ressauts raides. Nous sortons les pieux à neige du sac : ils nous seront bien utiles dans cette pente de neige raide. J.-J. progresse calmement et régulièrement dans un premier ressaut à 70 degrés où il place d'abord une broche à glace, puis une deuxième avec un clin d'œil vers l'arrière pour moi… La pente défile au rythme de notre respiration plus hachée. Encore un dernier passage raide et je débouche sur un dôme vallonné, délimité de toutes parts par un ciel immense. Je suis étonnée par l'aspect du sommet que j'imaginais comme une pointe et qui est en fait formé de gros champignons de neige surplombant les abîmes des faces.

Ce sommet représente notre victoire à tous les deux et une revanche sur toutes les courses que nous n'avons pas pu mener jusqu'au sommet. Ici, il n'y a pas de triche possible, tout est partagé : le dernier morceau de chocolat, les sacs lourds ou les longueurs difficiles et même les angoisses. Et quand nous redescendons vers des vallées plus hospitalières, muscles endoloris et yeux encore brillants, je ressens comme une euphorie et une plénitude qui me confortent dans l'idée que c'est vraiment cette vie que j'aime.

Une petite tête blonde nous a accompagnés par la pensée tout au long de ces journées intenses. C'est la seule ombre au tableau qui fait que je ne suis pas complètement comblée. Comment Yann aura-t-il vécu notre absence ? Il faisait l'expérience d'un séjour dans une ferme du Vercors chez une amie qui élève des veaux, des chèvres et toute la basse-cour. Nous n'avons pas pu avoir de nouvelles ni en donner, alors j'espère qu'il n'aura pas eu l'impression d'avoir été « abandonné » si longtemps. J'ai hâte de le serrer dans mes bras et de lui montrer qu'il est toujours présent dans mon cœur, mais que notre style de vie implique que l'on soit séparés de temps en temps. En grandissant, je pense qu'il acceptera probablement mieux notre absence, compensée par des moments de vie partagée et de profonde affection entre nous.

En France, j'attends aussi une réponse qui va orienter ma vie future : mon dossier de candidature à l'examen probatoire de guide de haute montagne aura-t-il été accepté ?

Devenir guide de haute montagne

Durant l'hiver 1979, nous avons envie de changer de travail, de quitter Crévoux et d'aller nous installer dans un endroit moins isolé, plus animé, où Yann pourra intégrer une classe maternelle. J.-J. obtient un poste à la Direction départementale de la jeunesse et des sports pour développer dès l'automne les clubs de ski de fond dans toutes les Hautes-Alpes et entraîner les jeunes. Je me retrouve ainsi libérée du poste double que nous occupions à la direction de la station de Crévoux et du centre d'hébergement. Une idée commence à germer dans ma tête : je veux tenter l'examen de guide de haute montagne. Jamais aucune femme n'a réussi jusqu'à maintenant. Il semblerait que dans les années 1950, alors que l'examen probatoire n'existait pas encore, une femme ait suivi le stage d'aspirant guide jusqu'à l'épreuve de sauvetage. Il fallait alors porter sur son dos et pendant plusieurs heures un prétendu blessé. L'épreuve fut éliminatoire pour la stagiaire qui s'écroula sous le gabarit des guides de l'époque. La profession s'appuyait sur la réputation du guide de haute montagne viril, rustique, fort et inébranlable devant des conditions difficiles. Un vrai héros… Cette vision du guide n'a, depuis, pas beaucoup évolué.

Dans les années 1970, le métier de guide est encore très traditionnel, c'est-à-dire que les hommes, en majorité issus des vallées alpines, sont souvent des agriculteurs qui mènent de front l'été leur métier de guide et l'exploitation de leur ferme, avec bien sûr l'aide de leur femme. Durant la belle saison, c'est le moment des foins et des récoltes ; les courses en montagne avec des clients rajoutent de la fatigue et rallongent leurs journées car ils doivent monter en refuge. L'exercice du métier de guide demande donc une condition physique à toute épreuve. Leurs femmes n'ont pas le temps de se consacrer à un loisir tel que l'alpinisme. Les rares citadines, si elles accompagnent parfois leur mari en montagne avant d'avoir des enfants, doivent ensuite s'occuper de ceux-ci, et elles n'ont ni le niveau suffisant pour se présenter à l'examen, ni le désir d'en faire une activité professionnelle.

En France, les cordées féminines sont pratiquement inexistantes et peu de femmes sont reconnues dans le milieu de l'escalade. La Parisienne Simone Badier fait figure d'exception. Elle est capable de grimper en tête de cordée les voies rocheuses les plus difficiles de l'époque, comme la face sud de l'aiguille du Fou ou les grandes classiques des Dolomites. En alpinisme, les femmes sont encore plus absentes, excepté Claude Kogan, malheureusement disparue au Cho Oyu en 1959 après plusieurs expéditions victorieuses, et son amie suisse Loulou Boulaz, toutes deux à l'aise pour conduire une cordée dans de grandes ascensions. J'ai une profonde admiration pour ces pionnières.

Depuis quelques années, de bons grimpeurs, issus du Sud de la France ou de grandes agglomérations, viennent tenter leur chance en passant l'examen de guide et souhaitent s'établir en montagne pour y travailler. Ils amènent avec eux un certain renouveau dans le métier et aussi une concurrence avec les guides traditionnels. Je me sens plus proche de ces grimpeurs que je côtoie lors de nos ascensions. Je me rends compte que mon niveau technique commence à être correct et que ma préparation physique me permet d'envisager l'examen de guide. Ma volonté n'est pas de porter un combat féministe, mais de trouver au travers de cette formation une reconnaissance de mes capacités et d'en faire mon métier. À trente ans, je suis déjà professeure de ski nordique et le diplôme de guide pourrait m'ouvrir de nombreuses possibilités. Je sais aussi que pour réussir en tant que femme dans ce métier masculin, il me faudra être encore plus performante que beaucoup de candidats. Cela tombe bien, j'aime me lancer des défis qui me permettent de me dépasser et aiguisent mon esprit de compétition.

Au début, je sens une réticence de la part de mon compagnon car il sait que c'est un métier dangereux et que ce sera pour moi la conquête d'une grande indépendance professionnelle en montagne. Mais petit à petit, il comprend que j'en fais une question vitale pour mon avenir, que je dois en avoir les compétences et que ma liste de courses est largement plus fournie que celle demandée. Il est donc prêt à m'aider au maximum pour me préparer aux épreuves de l'examen probatoire. Il n'est pas non plus insensible au fait que, m'ayant formée, il serait fier que je réussisse.

Le premier barrage sera pour moi l'examen probatoire, porte d'entrée à la formation de guide. Il faut que j'y arrive avec une condition physique et une préparation spécifique sans failles, tout en ayant à l'esprit que peuvent s'ajouter, comme pour tout examen, des aléas et peut-être des pièges. Je dois abandonner pour un temps mes chaussons d'escalade et m'entraîner avec les grosses chaussures requises. Pour préparer l'épreuve de glace, notre stade d'entraînement se situera sur les séracs du glacier des Bossons.

Éperon Migot au Chardonnet avec Wanda Rutkiewicz

Cet été-là, à Chamonix, des femmes alpinistes, les trois premières à avoir gravi l'Everest, sont invitées et célébrées. Elles viennent de faire leur entrée dans le monde jusqu'à présent presque exclusivement masculin des himalayistes ayant gravi un sommet de plus de 8 000 mètres.

La Japonaise Junko Tabei, alpiniste expérimentée et chef d'une expédition féminine, a été la première femme à atteindre le sommet de l'Everest en 1975 avec le Sherpa Ang Tserin. Quelques jours plus tard, Phan Thong, solide paysanne originaire des hauts plateaux tibétains et mère de trois enfants, foule aussi le célèbre sommet. Elle participe alors à une grosse expédition chinoise d'une centaine d'alpinistes sur le versant nord, dont le but est de faire de la propagande pour Mao et d'honorer son *Petit Livre rouge.*

Trois ans plus tard, en 1978, c'est la polonaise Wanda Rutkiewicz, féministe convaincue, qui devient la première Européenne sur le plus haut sommet du monde.

Leur venue à Chamonix me permet de faire leur connaissance et d'avoir la chance de m'entraîner un peu avec Wanda. Je suis très admirative de sa détermination et de son palmarès. Wanda ne grimpe qu'avec des femmes et elle a d'ailleurs réussi de très belles courses en cordée féminine. Elle a aussi beaucoup de charme et cela l'aide à construire son image médiatique.

Nous décidons de l'accompagner avec son amie Irena Keza pour l'éperon Migot à la face nord du Chardonnet. C'est aussi pour nous l'occasion d'emmener François, le plus jeune frère de J.-J. qui a seize ans et est très motivé. C'est sa première course de mixte de cette difficulté.

Nous quittons le refuge Albert 1er vers 3 heures du matin. Le temps n'a pas l'air terrible, et en arrivant à la rimaye, avec le jour, nous nous rendons compte qu'il fait déjà mauvais sur le sommet pris par des nuages et que la couleur noire du ciel ne présage rien de bon. Nous parlementons un moment avec les Polonaises qui n'envisagent à aucun moment de renoncer. Nous ne voulons pas avoir l'air de nous dégonfler, et une forme de compétition s'engage entre nos deux cordées.

Comme elles préfèrent que nous les précédions, je franchis la rimaye et, après une pente de neige raide parsemée de rochers, je rejoins rapidement l'arête bien marquée. L'escalade qui suit est très esthétique le long de cette crête de neige acérée et les crampons mordent bien la couche dure. Je peux faire de bons assurages dans les rochers, mais je suis de plus en plus inquiète en voyant la couleur du ciel se teinter d'un noir d'encre. La dernière pente, d'environ 50 degrés, est vite avalée car je sens la tempête arriver sur nous et je surgis au sommet au moment où elle se déchaîne : grésil, vent, brouillard…

Quand les Polonaises nous rejoignent, nous n'avons guère le temps d'épiloguer sur notre situation, il est clair qu'il va falloir trouver la descente au plus tôt. J.-J. propose alors : « On va descendre par les arêtes Forbes. Je les ai déjà gravies et elles seront plus faciles à suivre dans le brouillard, même si c'est plus long. » Avec François, nous cherchons le meilleur itinéraire en gardant l'arête : pas de vieilles traces, à peine quelques mètres de visibilité… J.-J. nous guide aussi à l'instinct. Nos amies nous suivent et ne sont pas mécontentes qu'on les conduise dans le brouillard. Quand nous rejoignons un rognon glaciaire un peu raide, il pense être sur la bonne voie et nous continuons notre descente vers le glacier du Tour.

Nous prenons pied avec soulagement sur le glacier au moment où nous sortons des nuages. On aperçoit même le refuge en contrebas ! François s'appuie sur son piolet qui s'enfonce d'un coup alors qu'il sent la neige s'effondrer sous lui ! Avec une rapidité incroyable, il s'élance à plat ventre et évite ainsi de justesse de tomber dans une crevasse… Il va falloir rester concentrés jusqu'au refuge car il n'y a toujours pas de traces pour nous guider.

Cette expérience nous a montré que Wanda a un moral à toute épreuve et que son opiniâtreté lui a probablement permis de réussir quelques belles courses. Elle a quand même déjà failli payer le prix fort l'hiver précédent en se faisant secourir dans la face nord du Cervin avec ses amies polonaises. Cette façon de s'engager en montagne ne correspond pas du tout à ma manière d'envisager l'alpinisme. J'aime mettre le maximum de chances de mon côté avant de choisir une course et je ne pars jamais par mauvais temps… Quand une compétition s'engage entre deux cordées, la situation peut vite dégénérer et devenir hors de contrôle. Je n'ai pas envie de vivre de tels moments qui mettent nos vies en danger, alors qu'il suffit de renoncer ce jour-là. Cela a toujours été notre façon de procéder avec J.-J. Il y a déjà tellement d'occasions dans une course de risquer un accident que ce n'est pas la peine d'en rajouter avec une mauvaise météo. Et puis, le plaisir d'une course magnifique réalisée par beau temps est pour moi la finalité de l'alpinisme.

Dans les années suivantes, Wanda se placera parmi les meilleures alpinistes du monde puisqu'elle va gravir huit des quatorze sommets de 8 000 mètres. Avec, toujours, ce jusqu'au-boutisme qui l'entraînera à la limite de la survie : en 1986, elle ne redescendra seule du K2, après en avoir gravi le sommet et alors qu'elle était dans un état d'épuisement total, que grâce à sa volonté inébranlable. Elle sera d'ailleurs l'une des dernières à s'échapper du piège mortel où plusieurs himalayistes trouveront la mort, dont le couple Barrard, Julie Tullis et d'autres, coincés par le mauvais temps vers 8 000 mètres. Elle disparaîtra au Kangchenjunga en 1992 après avoir probablement atteint le sommet, toujours seule.

Examen probatoire d'aspirant guide

Septembre 1979. À Chamonix, au retour de courses d'entraînement, peu avant l'examen, j'apprends que ma candidature a été annoncée et qu'elle provoque quelques remous dans le milieu. Certains professeurs de l'ENSA, les plus âgés surtout, chamoniards depuis des générations, sont très sceptiques quant à mes capacités à exercer le métier de guide. L'un des plus anciens d'entre eux est catégorique : « Même si techniquement elle a ses chances, de mon vivant, je ne laisserai aucune femme réussir l'examen ! » Je sais que l'ENSA vient de recruter quelques jeunes professeurs et j'espère qu'ils seront plus ouverts sur l'opportunité pour une femme de se lancer dans cette formation. Je suis abasourdie de voir à quel point ma présence à l'examen constitue un évènement dans le petit monde chamoniard, et ce d'autant plus que je ne suis pas originaire de la vallée. Je sens que devant moi se dresse une citadelle masculine solide comme une montagne et je commence à me demander si j'ai fait le bon choix de venir. En même temps, je n'ai pas envie de me laisser impressionner et je veux me battre.

Les épreuves, auxquelles deux cent six candidats participent, se déroulent sur une semaine. Les cinquante premiers pourront participer au stage d'aspirant guide l'été suivant. Le premier jour de l'examen est consacré à noter l'aisance des concurrents sur des terrains de montagne variés. Dans un format qui n'a pratiquement pas changé depuis, l'examen débute par une marche d'environ 1 200 mètres de dénivelé au départ de Chamonix en direction de l'Index et de la Flégère. Nous portons un sac de 10 kilos sur le dos et un dossard. Nous avons moins de 2 h 30 pour rallier le point de départ de l'épreuve. Le but recherché n'est pas de nous faire faire un chrono, mais de nous amener sur les lieux des évolutions notées par un jury en étant déjà un peu fatigués, comme lors d'une course en montagne. Les départs des candidats s'échelonnent et je marche plutôt seule. Cela me fait du bien, je retrouve mon rythme régulier qui me calme et me décontracte. J'essaye de ne pas trop imaginer la suite...

En arrivant sur les lieux du parcours, situé à proximité de l'arrivée du téléphérique, je me retrouve soudain au milieu d'un public de journalistes, de badauds, de familiers de l'alpinisme et de la profession de guide qui sont venus m'observer. Je ne vais pas bénéficier de l'anonymat qu'on pourrait attendre lors d'un examen. Je me sens scrutée comme une bête de cirque et cela me met franchement mal à l'aise. Heureusement, les autres candidats m'encouragent. Je prends mon tour dans le cheminement balisé par des fanions rouges, suivie par une petite foule de curieux. Une quinzaine de guides examinateurs qui forment le jury sont installés le long du parcours. Ils sont emmitouflés – doudounes jusqu'au menton et bonnet sur les yeux – car le temps est très humide, des bancs de brouillard vont et viennent et les rochers sont souvent trempés. Ce sont des épreuves de vitesse et de difficulté, toujours en grosses chaussures de montagne, assez physiques après la marche et avec le poids du sac.

Après quelques blocs faciles sur du rocher brisé, je continue par une fissure dans laquelle je coince mon pied et m'élance en dülfer jusqu'en haut.

J'arrive ensuite près d'un bloc plutôt lisse, avec une bonne prise assez haute. Au moment où je commence à le gravir, mains à plat et en équilibre très précaire, mon pied ripe et je me retrouve directement au sol. Je repars immédiatement et, avec la vitesse, je grimpe sans problème le passage. Un coup d'œil vers le regard désapprobateur de l'examinateur m'indique que la note ne sera pas très bonne. Souvent les passages de bloc demandent d'être très énergique, je n'ai pas été assez rapide au départ. Je me suis sûrement déconcentrée après les premiers rochers qui m'ont paru faciles. Je suis très vexée de cet incident qui peut me coûter très cher car je n'aurais pas dû tomber à cet endroit et l'impression que je vais donner va être désastreuse. Je me rends compte qu'être l'objet d'autant de curiosité ne facilite pas ma décontraction. J'ai les jambes qui tremblent un peu, comme après une décharge d'adrénaline et j'ai besoin de calme durant quelques minutes pour retrouver tous mes moyens.

La suite du parcours se déroule plutôt bien. J'ai réussi à me remotiver et je veux me battre pour montrer ce que je vaux. Je gravis une sorte d'arête avec du rocher délité, de la neige et de la terre. Je poursuis par la descente d'un névé. Et le cheminement continue avec des examinateurs qui notent l'aisance et la rapidité dans ce terrain de montagne.

Au soir de cette première journée, je suis déçue car ma note globale est un peu en dessous de 12, le minimum nécessaire pour réussir. Je sais que je n'ai pas brillé dans ce terrain varié, mais beaucoup de candidats ont eux aussi l'impression de n'avoir pas pu s'exprimer dans cette épreuve qui paraît sans doute un peu trop facile et où les critères de notation ne sont pas toujours très clairs. Au moins, je « sauve les meubles » en évitant une note éliminatoire. J'espère pouvoir me rattraper le lendemain en escalade rocheuse, qui est ma partie forte.

La deuxième journée est consacrée à l'escalade d'une longue voie aux rochers des Chéserys. Elle se déroule sur du granit avec des passages en adhérence. Il a plu la nuit précédente et le rocher, couvert de lichens par endroits, sera sûrement glissant. Là encore, une foule de curieux m'attend au départ de la voie. J'ai l'impression qu'il y a encore plus de monde que la veille.

Nous sommes encordés deux par deux et je suis en second pour la première longueur. Je m'aperçois que l'examinateur qui va me noter est le même qui m'a vue tomber hier.

Mon premier de cordée me crie « relais », c'est à moi ! Au moment où je prends les premières prises en adhérence et où je mets mon pied à plat sur le rocher, je me fais mitrailler par le flash d'un journaliste juste au-dessus de moi. Il a réussi à se faufiler jusqu'à une petite vire et il m'a surprise en pleine concentration. Complètement déstabilisée, je glisse jusqu'au sol. La corde très élastique n'a pas pu me retenir. Décidément, je fais la même faute avec le même membre du jury. Il va penser que c'est une habitude pour moi de glisser au départ des voies ! Je suis furieuse contre ce journaliste et contre tout ce monde autour de moi qui me scrute, commente et fait de moi « une bête curieuse ». La pression est trop forte et j'ai du mal à canaliser mes émotions. Je sais que c'est en grimpant, en retrouvant mes repères habituels dans ce milieu que je connais si bien et dans lequel je suis à l'aise, que je pourrai surmonter ces contraintes. Je repars immédiatement, sans chercher à savoir si les conséquences de cette chute seront fatales pour moi.

Les autres longueurs s'enchaînent très bien. Avec mon compagnon de cordée, nous alternons les longueurs en tête et je sens que je suis rapide et sûre. Les examinateurs sont disséminés le long de la voie pour nous noter, mais je n'ai plus l'impression d'être la vedette car je suis en pleine action, loin de la foule et je me sens dans mon élément jusqu'en haut.

La nouvelle de mon dévissage a couru comme une traînée de poudre parmi les spectateurs installés au pied de la falaise. J.-J., qui tâte le terrain, comprend que c'est bien mal parti pour moi. Le directeur de l'ENSA, Paul Briglia, qu'il connaît un peu, lui confie que « c'était courageux de ma part d'essayer de participer à cet examen, mais que je ne vais pas réussir cette année… »

Après l'épreuve, je retrouve J.-J. à l'ENSA pour lui raconter ma journée. Je suis en larmes et complètement désespérée, pensant avoir perdu toutes mes chances de réussir. Ma note globale n'est cependant pas catastrophique et il me conseille de prendre la dernière épreuve avec décontraction en considérant que je dois tout tenter jusqu'au bout.

Le jour suivant, nous nous retrouvons avec tous les candidats sur le glacier de Taconnaz pour l'épreuve « reine » de l'examen : le parcours en glace. Nous devons effectuer, encordés deux par deux, un parcours glaciaire dans les séracs avec escalade de petits murs verticaux équipés de broches à glace pour l'assurage ; l'itinéraire comprend aussi de petites descentes raides et des traversées, à effectuer avec un seul piolet. Les crampons doivent être utilisés au maximum avec les pieds à plat, sans les pointes avant, nous obligeant à une torsion des chevilles pour faire mordre toutes les pointes dans la glace.

Je me suis enfermée dans une bulle, cachée derrière mes lunettes de soleil, déterminée coûte que coûte à donner le maximum, n'ayant plus rien à perdre. Alors que j'attends mon tour derrière un sérac avant de gravir le premier passage de glace, j'entends le candidat qui me précède tomber à plusieurs reprises. Je ne vois pas ce qui se passe, mais je sens qu'il va falloir que je sois meilleure que lui. Je me retrouve au pied d'un mur de glace pratiquement vertical d'une quinzaine de mètres avec trois broches à glace en place pour l'assurage. Je m'élance donc en tête, assurée par mon compagnon, en plantant énergiquement mon piolet dans la glace et en tapant mes pieds avec le plus de force possible. J'ai calculé mon coup avec des chaussures en cuir et les lacets pas trop serrés, ce qui permet une bonne souplesse de la cheville et de mieux planter les crampons dans la glace. C'est un exercice d'équilibriste car au moment où je change mon piolet de place, il faut que je sois bien en appui sur mes crampons.

« Ouf, me voilà passée ! » Je me surprends moi-même d'avoir pu surmonter le passage. J.-J., qui n'est pas très loin, me fait signe que c'est très bien et qu'il faut continuer ainsi. Cela me remonte le moral. En escalade sur glace, « plus tu as le moral, meilleur tu es »...

Je continue sans faire de faute, alternant traversées, descentes, petits murs raides, alors qu'il y a un mouvement constant de spectateurs qui suit ma progression sur le glacier. Je ne les vois pas... À plusieurs reprises, J.-J. m'encourage de loin. Pour lui aussi, tout se joue ici, après tout ce qu'il m'a transmis, ma réussite sera aussi la sienne.

Ma note à l'épreuve de glace me permet de rattraper les précédentes et je suis admissible à l'examen probatoire sous réserve de l'entretien sur ma liste de courses.

À l'époque, la liste des courses effectuées doit comporter obligatoirement et au minimum une vingtaine de courses de niveau D, « difficile », dont la moitié en haute montagne. Étant donné les ascensions que j'ai effectuées au cours des dix années précédentes, ma liste est très complète et comporte plusieurs courses prestigieuses. L'interrogation par Daniel Stolzenberg a pour but de vérifier si ces courses ont bien été réalisées. C'est pour moi une formalité car je vois que le professeur qui m'interroge n'a aucun doute et cela me fait du bien.

Je réussis donc cet examen probatoire qui va me permettre de me présenter au stage d'aspirant guide l'été prochain. Cette première étape était certainement la plus aléatoire car il fallait briser le barrage psychologique. Je ne pensais pas intéresser autant de monde et déclencher une telle polémique autour du métier de guide pour les femmes. Bien sûr, les journalistes me poursuivent, veulent des « interviews », des photos, s'intéressent à mon parcours, veulent connaître mon mari, mon fils. Je suis assaillie et je deviens le porte-drapeau de la cause féministe tout en étant face à une frange de montagnards absolument opposés à l'ouverture de la profession aux femmes.

Des articles fleurissent dans beaucoup de journaux ou revues, et notamment celle du CAF, *Alpes Dauphiné Savoie* n° 23 de septembre 1979, par un auteur anonyme :

« L'admission au stage d'aspirant guide semble relever de critères désopilants et nécessite, de toute évidence, de connaître la bonne recette. Bernard Muller, au palmarès particulièrement prestigieux, a dû passer l'épreuve cinq fois avant de plaire au jury, mais un certain élément féminin, bien qu'ayant dévissé et en second, a été reçu sans problème. Même si vous mettez dans la casserole une bonne technique, de l'entraînement, une liste de courses réussies, et si vous assaisonnez avec une calme sûreté et de l'attention, il manquera toujours quelque chose. Quoi donc ? »

La réussite d'une femme à l'examen probatoire suscite naturellement des jalousies et des contestations, même auprès de certains alpinistes célèbres de l'époque qui prennent position contre moi. Ainsi, René Desmaison sous-entend que j'ai monnayé mon résultat par des avances faites à certains professeurs. Ces attitudes en disent long sur l'opinion qu'ils ont des femmes !

La vague médiatique me poursuit pendant plusieurs semaines et fait ses gros titres : « Madame la guide », « Elle peut vous conduire au sommet », « Une pionnière », « La première de cordée », « Une brèche dans la forteresse », « Une maman qui monte, la première guide », « La montagne au féminin », « La première guide n'en fait pas une montagne », « Difficile ascension pour la première femme guide »... Les journalistes semblent arbitrer le match qui m'oppose, bien malgré moi, à toute une partie plus traditionaliste du monde de la montagne.

Je reçois beaucoup de courrier, notamment de femmes, qui m'encouragent et me félicitent. Je n'avais pas imaginé, en présentant cet examen, que ma réussite soulèverait l'espoir que s'estompe la discrimination dont elles souffrent en milieu professionnel et que les mentalités évoluent vers plus d'égalité. Peut-être finalement est-ce le bon moment pour entrouvrir cette première porte vers le diplôme de guide de haute montagne ? Je sais que rien n'est encore gagné car tous les stages de formation m'attendent. Pour moi, c'est un grand changement car maintenant je veux passer à la vitesse supérieure, c'est-à-dire prendre une place plus égale dans notre cordée avec J.-J., partager davantage l'escalade, mais aussi les décisions et les risques. Je veux me préparer complètement à assumer ce métier et c'est ce que je vais avoir en tête dans les quelques années à venir.

Cet été a été long et riche en réussites, mais il nous tarde de retrouver notre Yann qui nous manque et qui va avoir besoin de nous pour s'ancrer dans notre nouvelle vie à Briançon, découvrir l'école et de nouveaux copains. Je me consacre à l'enseignement du ski de fond pendant l'hiver, ce qui me permet d'être près de lui tout en continuant à m'entraîner régulièrement pour les courses du dimanche. Je participe aussi à la Vasaloppet, en Suède, une course très réputée de 90 kilomètres en ski de fond, enfin ouverte aux femmes : ce n'est pas l'exploit que je recherche, mais la participation à une grande fête du ski de fond comme savent en organiser les pays nordiques.

Stage d'aspirant guide

L'été suivant, je dois suivre le stage d'aspirant guide et je m'y prépare avec beaucoup de soin. J'enchaîne les ascensions pour être en super forme, en grimpant uniquement avec les grosses chaussures. Je me présente à l'ENSA en souhaitant avant tout être traitée comme n'importe quel stagiaire. Je ne veux surtout pas jouer les vedettes, mais me fondre dans la masse. Mes compagnons sont généralement très cordiaux et m'encouragent.

Les premiers jours du stage sont consacrés à vérifier nos connaissances et à réviser toutes les techniques d'assurage, les nœuds, les progressions en tous terrains de montagne : rocher, arêtes, escalade artificielle, névés, glaciers…

Nous partons à deux cordées pour une course de neige dans les aiguilles Rouges avec Hervé Thivierge, professeur à l'ENSA. Je fais partie de la deuxième cordée. Alors que nous remontons un névé assez raide, sans crampons, Hervé Thivierge, placé au milieu de la première cordée de trois, s'exclame tout à coup : « Oh regardez, les chamois… ! » Son chef de cordée, qui a jeté un œil du côté des animaux, se déconcentre. Il ne tape pas suffisamment fort le bout de sa chaussure dans la neige dure et dévisse. Le professeur, qui n'a pas le réflexe de bloquer la corde d'assurage à son piolet, est entraîné. Le troisième ne peut déjà plus rien faire pour enrayer la chute et la cordée des trois grimpeurs dévale le névé, déstabilisant au passage le premier de notre cordée qui les suit. Dès que je les vois partir, je plante mon piolet pour tenter d'assurer mon compagnon. Heureusement, il ne glisse pas complètement et réussit à se rétablir. Nous pouvons rapidement porter secours aux autres qui se sont arrêtés dans un pierrier, cinquante mètres plus bas. L'un d'eux est sérieusement blessé à une jambe : son pantalon s'est déchiré et je suis très impressionnée en voyant l'os à nu et une partie du muscle à découvert. Il doit souffrir car la plaie est très profonde ; pour lui, c'est la fin du stage. Le professeur est en état de choc. Heureusement, le troisième de la cordée est indemne.

Comme un autre groupe de l'ENSA, avec Yves Pollet-Villard, se trouve à proximité, nous leur demandons de l'aide. Les secours sont vite organisés grâce à Yves qui prend les choses en main et fait prévenir le refuge du lac Blanc situé en contrebas. Notre compagnon blessé est évacué rapidement en hélicoptère avec notre professeur que l'on ne reverra plus pendant le stage.

Cette mésaventure va me marquer pour le reste du stage et me conforter dans l'idée qu'il faut vraiment que je reste sur mes gardes à tout moment car je ne suis pas à l'abri d'une défaillance ou d'une blessure. Malheureusement, l'histoire de l'ENSA est parsemée d'accidents mortels notoires.

Ma réelle mise à l'épreuve a lieu la semaine suivante lors de la première course qui se fait habituellement en réversible, la voie *Aureille-Feutren* à l'aiguille du Moine. Le professeur, Yvon Masino, s'encorde avec moi au départ de la voie et, refusant que je grimpe en tête, sort ses chaussons d'escalade pour attaquer le premier passage, tout en finesse, alors que nous n'avons pas le droit de les utiliser... Je ne me laisse pas déstabiliser et, avec mes « grosses », je prends la tête de la longueur suivante et mène notre cordée tambour battant jusqu'au sommet où nous arrivons plus d'une heure avant la cordée de stagiaires qui nous suit… Je sens déjà, dans la descente, qu'un soulagement s'opère chez mon professeur et que l'ambiance se relâche.

Le lendemain, nous partons pour la traversée des Courtes. Yvon, encordé avec un autre candidat, démarre comme pour une course contre la montre, histoire de voir si en terrain mixte je suis capable de suivre la cadence… Je suis encordée avec Jean-Paul Quilici, un grimpeur corse plutôt habitué aux rochers ensoleillés, qui doit lui aussi prouver ses compétences en montagne. Nous nous battons donc pour suivre la cordée de tête au plus près et c'est ainsi que nous nous retrouvons tous les quatre, tout essoufflés, au refuge du Couvercle à seulement 8 heures du matin. À cette époque, l'une des caractéristiques essentielles du stage était de mettre l'accent sur la vitesse, souvent au détriment de la sécurité. Pour certains professeurs, choisis pour leur niveau technique élevé, cela relevait d'une forme de compétition avec les stagiaires.

Au retour à Chamonix, dans le hall de l'ENSA, les autres professeurs pressent de questions Yvon sur le déroulement de ces journées et sur mon comportement. Et c'est là que je l'entends avec surprise et plaisir déclarer : « Pour moi, c'est bon. Elle a vraiment le niveau. »

C'est gagné pour moi : à partir de ce moment, j'ai la sensation que je suis acceptée comme une stagiaire ordinaire et je suis reconnaissante à Yvon Masino, guide purement chamoniard, de m'avoir jugée objectivement.

La semaine suivante, consacrée aux grandes courses, se déroule toujours dans un autre massif que celui du Mont-Blanc. Nous partons donc pour l'Oberland, en Suisse, et j'en suis très contente car je n'y suis jamais allée. Je découvre, avec mes compagnons, le panorama de la très impressionnante face nord de l'Eiger. Je désire depuis longtemps faire cette course emblématique et j'espère que ce rêve se réalisera un jour. Pour l'heure, nous atteignons le glacier de Concordia grâce au petit train qui monte dans l'Eiger par un tunnel creusé dans la paroi. La vue est superbe depuis Concordia sur les grands glaciers de l'Oberland. Nous avons un peu l'impression de jouer aux touristes.

Dès le lendemain, les choses se précisent, nous partons pour la traversée Eiger-Munch-Jungfrau. Nous commençons par gravir la voie normale de l'Eiger, puis nous poursuivons par une traversée aérienne du Munch. Le temps est beau, ce qui est rare dans ce massif, la course est très esthétique malgré sa longueur et l'ambiance entre professeurs et candidats à « l'aspi » est plutôt décontractée. Je profite de mon statut qui est devenu celui d'un stagiaire ordinaire. Nous dormons dans un refuge au pied de la Jungfrau que nous gravissons le lendemain.

La fin du stage se termine sans histoires. Je reconnais que j'ai eu à faire généralement à des professeurs intègres qui n'ont pas cherché à me piéger. Je le dois probablement au professeur-maître, Maurice Gicquel, qui a su équilibrer les équipes d'enseignants. Je me sens acceptée par une partie de ce milieu complètement masculin, mais la réticence de certains Chamoniards est encore vive et chaque étape est une victoire pour moi.

La désapprobation la plus significative reste celle de l'UIAGM (Union internationale des associations de guides de montagne) qui, par l'intermédiaire de son secrétaire général, Xavier Kalt, un guide suisse, refuse de m'accepter en son sein parce que je suis une femme. Pour lui, les femmes ne remplissent pas les conditions physiques nécessaires et d'ailleurs, en Suisse, elles n'ont pas le droit de participer à la formation. D'après lui, même un niveau technique très élevé ne saurait compenser les réserves d'endurance et de résistance dont a besoin chaque guide de montagne en difficulté ou en opération de sauvetage. En réponse, Daniel Stolzenberg, alors président du SNGM (Syndicat national des guides de montagne) et professeur à l'ENSA, qui me connaît en tant qu'alpiniste, déclare catégoriquement que les femmes ayant réussi le cursus de formation au métier de guide en France ne peuvent être exclues de l'UIAGM. Cela met un terme à la discrimination et ouvre la porte aux alpinistes suisses désireuses d'accéder à ce métier, dont Nicole Niquille qui sera la deuxième femme guide de haute montagne en Europe.

Au printemps, je suis de retour à l'ENSA pour suivre un stage de ski de randonnée. À l'époque, cette discipline n'est pas incluse dans l'examen d'aspirant guide mais constitue malgré tout une partie de la formation car beaucoup de guides encadrent déjà des sorties et des raids. C'est l'occasion de pratiquer le ski de montagne et de connaître les techniques de sauvetage en cas d'avalanche. Le niveau à skis n'est pas noté, heureusement pour quelques super grimpeurs du Sud, peu enclins aux balades dans la neige l'hiver. Ainsi, Christian Guyomar, au palmarès prestigieux en escalade à la Sainte-Victoire et dans le Verdon, descendant des Grands Montets vers le bassin d'Argentière avec 50 centimètres de neige fraîche nous fait rire aux éclats par ses acrobaties imprévues dans la poudreuse !

Pour ma part, je suis mise à l'épreuve pour le sauvetage en crevasse. Nous faisons beaucoup d'exercices pour l'assurage lors de la progression sur glacier et pour sortir une personne tombée dans une crevasse en démultipliant la corde. Je ne me sens pas plus mauvaise que mes compagnons et je m'étonne moi-même en sortant seule de la crevasse avec les skis aux pieds ! Ces journées se passent dans un climat plus détendu, loin de la pression des stages précédents et je me sens mieux acceptée dans le milieu.

Premiers pas dans la profession

Ces stages terminés, me voilà donc aspirante guide, j'ai le droit de travailler. Je dois acquérir une expérience professionnelle avant d'aller dans deux ans me présenter au stage de guide pour terminer ma formation. Il va falloir que je fasse mentir toutes les prévisions qui ont été faites sur mes capacités à exercer ce métier : « je n'aurai pas de clients », « je ne serai pas assez forte physiquement et moralement », « ce n'est pas un métier compatible avec une vie de famille », « je ne serai pas capable de faire un sauvetage en crevasse… »

Le bureau des guides de Briançon, constitué principalement de jeunes guides qui ne sont pas issus des vallées alpines, m'accepte chaleureusement comme l'un de ses membres et je me prépare à emmener des clients dans les voies normales du massif des Écrins. La course emblématique du Briançonnais est le Dôme de Neige. C'est un sommet de 4 000 mètres, dont la voie normale est peu difficile mais demande un effort soutenu. Il est souvent tenté par des débutants qui en font leur objectif d'un premier 4000.

Pour ma première course proposée par le bureau, je rencontre Nathalie et Élisabeth, qui veulent gravir ce Dôme de Neige et qui seront mes premières clientes. Elles sont très motivées pour partir avec moi car elles ont appris que je suis la première femme guide et elles veulent faire de cette course en haute montagne un moment exceptionnel. Je suis également très impatiente de les conduire là-haut et j'en ressens une certaine fierté. Moi aussi je veux qu'elles en gardent un souvenir inoubliable. Élisabeth et Nathalie sont deux amies, institutrices à Grenoble, qui pratiquent beaucoup la randonnée à pied mais n'ont jamais grimpé un sommet neigeux aussi haut, ni chaussé des crampons.

Au parking, après avoir fait un peu mieux connaissance avec elles, je vérifie leur matériel pour ne pas avoir de surprises plus tard : baudrier, piolet, crampons, vêtements chauds, gants, bonnet, lampe frontale. « C'est bon, on peut y aller ! » Durant la montée vers le glacier Blanc, je leur montre les faces nord impressionnantes qui bordent le glacier Noir – le Pelvoux, le pic Sans Nom, l'Ailefroide – en leur décrivant les itinéraires que j'y ai gravis.

Nous marchons d'un bon pas et je sens une grande motivation de leur part. Nous suivons un chemin assez bien marqué, entrecoupé par moments de petits passages d'escalade. Élisabeth ne semble pas avoir autant d'aisance que son amie. Il va falloir que je la surveille davantage… Une fois sur le replat glaciaire, nous nous encordons car nous allons traverser des zones crevassées. Les deux amies sont impressionnées par la profondeur des crevasses et le cheminement un peu chaotique que nous prenons pour éviter les ponts de neige fragiles. C'est un des passages les plus dangereux de cette course et je suis toujours très étonnée de voir des touristes inexpérimentés, chaussés parfois de baskets et sans aucun équipement glaciaire se promener inconsciemment dans ce labyrinthe pour atteindre le refuge des Écrins. Chaque été, il y a des morts à cet endroit.

Nous avons maintenant notre refuge en point de mire ; malheureusement la vue sur la face nord des Écrins est brouillée par des nuages. L'air s'est rafraîchi d'un coup et les amies sont contentes d'arriver au refuge pour pouvoir se reposer un peu. Je sens que je vais bien m'entendre avec elles et que la course va être sympa.

Pendant le dîner, elles me posent beaucoup de questions sur ce métier que j'ai choisi et sur mon parcours. Je ressens de la connivence avec ces premières clientes qui ont l'impression qu'elles seront mieux comprises si elles craquent physiquement ou si elles ont peur. En revanche, je ne me sens pas très à l'aise avec mes collègues guides et, de leur côté, ils me regardent avec un peu de curiosité, de circonspection, peut-être aussi d'admiration, mais en tout cas ne m'ouvrent pas les bras pour m'accueillir dans leur clan. Il faudra sûrement un peu de temps pour que les plus anciens m'acceptent et là encore, je vais devoir faire ma place.

Je laisse mes clientes s'installer dans le dortoir et je vais faire un tour dehors pour vérifier que le temps est toujours au beau fixe. Je ne peux m'empêcher de repenser à la première fois que je suis venue ici avec J.-J., il y a une dizaine d'années. Il avait emmené plusieurs membres de nos familles et en particulier mon père qui rêvait de montagne et a été si fier que sa fille devienne guide.

4 heures du matin. Le réveil est un peu dur pour mes clientes, elles n'ont pas beaucoup dormi. L'altitude a souvent tendance à empêcher le sommeil et peut engendrer des maux de tête. En plus, l'excitation ou l'appréhension de la course tiennent souvent en éveil, ce qui est aussi valable pour moi.

Le petit-déjeuner est vite avalé, je n'ai pas envie de me retrouver au milieu des autres cordées. Nous mettons les baudriers et restons habillées chaudement car l'arrivée de l'aube est toujours froide. Il fait encore nuit ; avec les frontales et en suivant de bonnes traces, nous arrivons facilement sur le replat du glacier. J'encorde Élisabeth derrière moi et Nathalie en bout de corde. Il y a peu de crevasses jusqu'au pied de la face nord, mais je ne veux prendre aucun risque. Je leur montre comment garder quelques anneaux de corde à la main qu'elles devront lâcher pour traverser une zone crevassée.

Pendant que nous avançons, le jour se lève lentement, teintant de rose tous les sommets. Je sens que mes compagnes apprécient pleinement leur petite aventure et cela me réjouit. Je m'efforce d'adopter un rythme régulier pas trop rapide pour qu'elles tiennent le coup jusqu'en haut. Un peu avant d'arriver au pied de la face, je fais un arrêt pour chausser les crampons et je les aide à les mettre, ce qui me permet de vérifier qu'ils sont bien fixés.

« Nous allons remonter cette pente un peu raide et à un moment nous serons vraiment sous les séracs. Alors il ne faudra pas traîner car ils peuvent se décrocher n'importe quand. » Je leur explique aussi comment monter en mettant les pieds de côté pour que toutes les pointes de leurs crampons mordent bien dans la glace et pour éviter les crampes dans les mollets. Il fait maintenant complètement clair et la journée s'annonce magnifique. Après cette traversée rapide sous les séracs, nous faisons une halte pour reprendre notre souffle, grignoter un peu de nourriture énergétique et admirer les montagnes alentour. Un gros oiseau blanc se pose près de nous, il doit vouloir quelques miettes. Incroyable, c'est un goéland ! Pourquoi et comment est-il venu se perdre dans ces montagnes ? Peut-être porté par des vents ascendants ? Nous ne le saurons jamais, en tout cas il nous a adoptées et il va nous précéder quelque temps en sautillant sur la neige. À certains moments, il est si près de moi que je pourrais le saisir, mais il s'échappe et finalement s'envole.

La partie suivante de la montée est moins raide. Une large crevasse barre l'itinéraire, je la contourne en lâchant les anneaux de corde et je finis par un petit saut pour la surmonter. J'assure alternativement mes deux clientes. Élisabeth a mal calculé son élan et pose le pied à moitié dans le vide. Comme je la tire avec la corde, elle n'a pas le temps de perdre l'équilibre. Elles se rendent alors compte qu'elles ne sont pas sur un sentier débonnaire !

La montée continue en suivant la trace qui a été faite par de nombreux ascensionnistes ces derniers jours. Elle n'a pas encore été ramollie par le soleil et les crampons mordent bien dans la neige. Nous arrivons sous la barre des Écrins, une longue traversée presque horizontale nous permet de rejoindre le col entre la Barre et le Dôme. Je surveille mes deux compagnes pour qu'elles plantent bien leur piolet afin d'avoir un appui au moment de faire chaque pas. Nous sommes au-dessus d'une barre de séracs, je n'ai pas envie de les voir glisser et comme Élisabeth est plus hésitante, je l'encourage tout en réduisant l'allure et en la tenant un peu avec la corde.

Une fois au col, nous nous arrêtons pour boire. Nous avons bien marché, car il y a seulement deux ou trois cordées devant nous. On aperçoit plus bas plein de petits points noirs qui s'agitent. « Allez, dernier effort, encore un quart d'heure... » Ce sont peut-être les minutes les plus pénibles pour elles, l'altitude se fait sentir et le souffle est plus court. Mais ce sont des randonneuses entraînées et elles n'ont pas trop souffert dans la montée.

« Bravo les filles, 4 000 mètres ! » On s'embrasse, leur joie me fait tellement plaisir... La halte permet les photos souvenirs et un tour d'horizon des montagnes jusqu'au mont Blanc au loin. C'est le moment où les rayons du soleil commencent à nous réchauffer pour nous permettre une petite pause casse-croûte.

« En descendant, vous ferez très attention de bien écarter les pieds pour ne pas vous prendre les crampons dans le pantalon ! » C'est parti ! Nathalie ouvre la marche, je la sens à l'aise. Je reste vigilante dès la première pente, en gardant Élisabeth très près de moi pour pouvoir tenir la corde en cas de glissade. Nous croisons plusieurs cordées qui n'avancent plus et s'arrêtent souvent, haletantes.

Plus bas, dans la partie raide, la neige commence à ramollir et elle se colle sous les crampons. « Attention à ne pas botter. Tapez bien les crampons sur le piolet pour décoller la neige. » Et hop ! Élisabeth part en glissade sur le dos. Je la freine immédiatement en bloquant la corde pour qu'elle n'entraîne pas Nathalie… « Attention les filles, restez concentrées jusqu'en bas ! » Élisabeth est un peu gênée. Comme je ne veux pas qu'elle culpabilise, je préfère ralentir un peu l'allure.

Une fois à l'abri des chutes de séracs, nous nous débarrassons des crampons. Maintenant, nous n'avons plus qu'à nous laisser aller, sous le soleil qui nous brûle et nous assoiffe.

Quand nous nous quittons plus tard, je vois que cette course a été pour elles un grand moment qu'elles ont été heureuses de partager avec moi. Je me rends compte que ce métier demande de la patience, de la pédagogie, de l'empathie. Pour que le courant passe avec les clients, il faut aussi qu'ils me fassent confiance pour les assurer efficacement dans les passages difficiles et leur éviter un dévissage. Ils me confient leur vie. C'est une responsabilité qui crée un lien très fort entre nous et que je trouve particulièrement gratifiante.

Je vais donc gravir très souvent cette montagne avec beaucoup de clients différents : ceux qui en bavent tout le long mais ont apporté le champagne pour le sommet, les cordées de femmes tellement fières de montrer à leurs conjoints qu'elles ont été capables d'y monter, les sportifs qui cherchent à faire un horaire, les parents qui veulent que leurs ados se surpassent, les inconditionnels de la montagne qui veulent tout le temps faire des photos… Chaque course est différente et m'apporte des contacts humains très enrichissants. Ce n'est pas seulement pour la prouesse technique et le goût de l'effort physique que ce métier me plaît, mais vraiment pour partager avec ces gens, qui cherchent à leur manière à se dépasser, à rompre avec une vie toute tracée et qui font de la montagne un idéal.

Je découvre aussi beaucoup de voies normales de sommets que j'ai gravis avec J.-J. mais par un itinéraire plus difficile et j'apprends à bien connaître ce massif des Écrins.

De nouveau, je suis assaillie par des journalistes qui veulent m'interviewer, faire des photos, m'inviter à Paris à la télévision ou à la radio, participer à des débats ou faire une course avec moi… Yann, interrogé par un journaliste, déclare : « Moi, quand je serais grand, je ne veux pas être guide… Je préfère aller à la pêche ! » Lui aussi sent la tension qui monte et qui risque de détruire notre bel équilibre familial. Je suis même obligée de sortir de la maison, avec pertes et fracas, un journaliste un peu trop intrusif ! Avec J.-J., nous décidons donc de nous mettre en retrait de ce cirque médiatique, de ne plus répondre aux sollicitations et de continuer notre vie, cachés et libres.

Tout en me consacrant une partie de l'été au métier de guide, je continue, avec J.-J., à réaliser des ascensions difficiles qui vont constituer un atout dans la perspective du stage final. C'est aussi le côté « amateur » de ma pratique de l'alpinisme que je ne veux pas abandonner et qui restera un moteur dans les prochaines années.

Première ascension de l'éperon ouest-nord-ouest du Chopicalqui (6 356 mètres)

Au cours de l'été 1981, nous repartons pour la cordillère Blanche au Pérou avec encore de beaux projets. L'équipe est constituée d'Alan Roberts, notre ami guide écossais, flegmatique et toujours « dans la lune » qui ne parle pas un mot de français, qui fera cordée avec Henri Sigayret, qui vient de gravir l'Annapurna (8 091 mètres) et ne parle pas un mot d'anglais! Heureusement, son moral et sa bonne humeur sauvent toutes les situations. Pour J.-J. et moi, habitués à grimper ensemble, un regard suffit pour nous comprendre.

Après une acclimatation à l'altitude grâce à l'ascension de quelques sommets de 5 000 mètres, nous avons l'intention d'ouvrir une nouvelle voie dans la face ouest du Chopicalqui, vaste paroi vierge d'environ 1 200 mètres de haut qui constitue un des objectifs majeurs de la cordillère Blanche. Un camion nous dépose avec notre matériel dans la vallée de Llanganuco, vers 4 000 mètres, à proximité de deux lagunes aux couleurs d'opale, au pied du Huascaran, du Chopicalqui, du Chacraraju, du Huandoy. C'est là que tout commence...

Lourdement chargés, nous nous engageons dans l'étroite vallée qui monte vers le Chopicalqui pour atteindre, en deux heures, vers 4 400 mètres, l'emplacement d'un bivouac confortable, pourvu d'un bouquet d'arbres qui nous fournit du bois pour la cuisine.

Au matin, le temps est beau mais un fort vent d'est souffle et les sommets portent une calotte de nuages. Nous nous répartissons le matériel et la nourriture réduits au minimum. Pourtant les sacs vont être lourds, pas loin de 20 kilos chacun : le matériel d'escalade (baudriers, cordes, broches à glace, pitons, mousquetons, piolets et marteaux-piolets, crampons...), de bivouac (duvet d'altitude et surduvet), la nourriture pour trois jours, ainsi que le réchaud et le gaz. Je n'ai jamais bénéficié de régime spécial pour le portage des sacs parce que je suis une femme. J'y suis habituée et je trouve cela normal de tout partager.

Après les moraines, nous prenons pied sur le glacier qui monte par ressauts jusqu'au pied de la face. Au début le cheminement est assez facile à trouver, mais très vite les choses se corsent. Il faut sans cesse contourner de profondes crevasses et la chaleur s'abat d'un coup sur le glacier, rendant les ponts de neige fragiles et augmentant les risques de chutes de séracs. Nous nous trouvons alors sur des replats directement exposés sous les amoncellements glaciaires de la face ouest. D'énormes avalanches déjà tombées et un fouillis de blocs de glace nous donnent une idée de la violence de ces chutes de séracs. Nous traversons sans traîner cette zone inhospitalière, le cœur battant un peu plus vite.

Nous sommes au pied d'un éperon rocheux bien marqué sur lequel on dirait que l'on a collé des morceaux de neige dentelés, empilés en désordre, dégoulinants de stalactites de glace. C'est un merveilleux spectacle, mais ils semblent si fragiles ! Toute cette partie de la face est parcourue par des dizaines d'*ice flutes*, ces petites crêtes de neige verticales qui délimitent des couloirs de glace. Cela pourrait ressembler au squelette d'un immense sapin dont le tronc serait l'éperon et les branches, les *ice flutes*.

Nous attaquons le pilier par une zone de rochers brisés et, après une longueur, nous choisissons un emplacement de bivouac abrité sur une plate-forme rocheuse. Malgré le travail d'Henri pour l'agrandir en taillant la neige, elle ne sera guère confortable pour quatre. Deux cordes sont placées plus haut par J.-J. et Alan afin de gagner un peu de temps le lendemain. La nuit noire nous surprend vers 18 heures et elle sera longue, comme toutes les nuits au Pérou (douze heures d'obscurité !), surtout quand on se sent glisser vers le vide dès qu'on commence à s'assoupir…

La journée suivante est magnifique. Le froid est vif au matin, nous sommes dans une face ouest, et le départ est un peu difficile. Nous allons cheminer au bord des *ice flutes*, gravissant les couloirs de glace, traversant les corniches dentelées, remontant des boyaux de glace. Une variété incroyable de passages nous attend et l'ensemble est d'une difficulté très soutenue. Après le froid du matin et la glace dure, nous subissons la chaleur de la mi-journée qui rend les corniches de neige cassantes et le stress omniprésent.

Nous commençons à ressentir les effets de l'altitude. En fin d'après-midi, nous atteignons une partie rocheuse où nous cherchons vainement une plate-forme pour bivouaquer. Il faut se décider pourtant car la nuit tombe vite. Un terrassement s'impose sur une banquette dont la largeur permet juste de s'asseoir ! Un ruisseau la traverse, mais avec le froid qui s'installe d'un coup, il a tôt fait de se transformer en glace. Je n'ose imaginer une retraite car, vu la difficulté des longueurs, il faudrait faire des rappels et nous n'aurions jamais assez de matériel. C'est donc vers le haut que l'on doit sortir en espérant que tout aille bien. J'y pense toute la nuit et je suis sûre que J.-J. aussi y songe pendant que des morceaux de glace nous tombent sur la tête me faisant sursauter et croire ma dernière heure arrivée !

5 700 mètres. Au réveil, nous espérons que cette journée nous verra au sommet. Dès les premiers mètres, les difficultés sont là, perfides à cause du froid et de la mauvaise nuit… J.-J. préfère une traversée très dure et athlétique en rocher, plutôt qu'une cascade de glace surplombante. Il rejoint ainsi le fil de l'éperon et se trouve sur une fine lamelle de neige dentelée. Heureusement, derrière cet empilage dangereux, un couloir raide semble offrir la solution…

C'est maintenant à moi de jouer. J'ai à choisir entre un couloir en glace noire ou un boyau de glace vertical qui semble ressortir quarante mètres plus haut. Je décide de jouer l'insolite en optant pour le boyau et je me fais maudire par nos amis chargés de sacs très volumineux. Ils se retrouvent chacun leur tour complètement coincés, à ne pouvoir ni monter, ni descendre, et je n'entends bientôt que grognements et jurons...

Plus haut, J.-J. reprend la tête dans des couloirs toujours très raides. L'ambiance est sévère et, au relais, je m'abrite comme je peux des blocs de glace qui descendent en sifflant. Mon compagnon avance rapidement et atteint la base des grandes pentes de neige sommitales. L'arête qui nous conduira ensuite au sommet paraît toute proche... ce n'est qu'une illusion. La soif nous fait ressentir encore plus intensément la fatigue. Nous faisons une halte pour faire fondre de la neige en attendant que nos compagnons nous rejoignent.

Après deux longueurs très raides en glace, une surprise décourageante nous attend : une crevasse gigantesque et insondable barre toute la pente. Il nous faut traverser en redescendant sur sa lèvre fragile et dentelée pour nous retrouver presque au départ de ces deux longueurs raides. Nous avons perdu trois heures et enfonçons maintenant profondément dans la neige ramollie par le soleil de l'après-midi. Nous décidons le bivouac car nous nous rendons compte que l'arête est encore loin et que nous allons nous épuiser à faire cette trace.

Nous sommes maintenant à plus de 6 000 mètres. Nous nous installons dans une crevasse bouchée et je m'occupe du réchaud pour faire un maximum de boisson afin de nous réhydrater et de nous réchauffer. Nous, qui sommes habitués à n'être que tous les deux en montagne, sommes heureux d'avoir nos amis avec nous. La bonne humeur règne le soir, malgré notre isolement, et nous savons que nous pourrons compter sur eux en cas de coup dur.

La nuit est glaciale... Elle laissera des traces à Alan qui va se geler sérieusement les pieds et elle réactivera les gelures d'Henri contractées à l'Annapurna. Toute cette longue nuit, serrée contre mon compagnon, je tape mes pieds l'un contre l'autre pour que la circulation ne s'arrête pas et je le sens en faire autant. Cette intimité entre nous dans des conditions difficiles me réchauffe le cœur. Chaque fois, elle m'aide à tenir le coup.

Nous n'avons pas fermé l'œil et le petit-déjeuner est bien maigre ce matin : quelques miettes de biscuits écrasés et un peu de thé. Nos provisions sont épuisées. Il faut absolument que nous sortions aujourd'hui de ce qui est en train de devenir un piège ! Cette pensée va nous motiver pour avancer toute la journée.

Nous évitons la grande crevasse mais il nous faut surmonter une rimaye impressionnante. Nous remontons les dernières pentes, brassant par endroits jusqu'à la taille dans une neige inconsistante, contournant les crevasses, comptant chaque pas qui nous rapproche de l'arête. Avec J.-J., nous nous remplaçons souvent en tête car la progression dans cette neige poudreuse nous demande un gros effort et à chaque pas la trace s'effondre.

Sur l'arête enfin atteinte, un vent violent et glacial nous accueille. Il nous faut encore quelques heures d'effort sur des corniches et des ressauts avant d'atteindre le sommet du Chopicalqui. 6 356 mètres ! Il est 16 heures. L'arrêt est bref. Nous n'avons qu'une hâte, descendre, être à l'abri du vent, retrouver la vallée et dormir ce soir sur de la terre et non dans la neige. Pourtant la vue sur l'ensemble de la cordillère Blanche est féerique. Les parois du Huascaran, le plus haut sommet, nous dominent à peine de leur masse sévère. Je distribue à chacun une tranche de saucisson : c'est tout ce qui nous reste et c'est notre seule nourriture de la journée, ce qui ajoute à notre fatigue.

En descendant par l'arête sud, de vieilles traces de pas apparaissant par endroits nous donnent la vague impression d'une présence humaine. C'est bien illusoire car nous nous sentons au bout du monde, mais elles nous raccrochent à l'espoir de nous guider plus vite vers la vallée déjà dans l'ombre.

Nous nous laissons descendre, machinalement, enfonçant toujours profondément dans la neige, le corps douloureux. Chaque petite remontée nous demande un effort inouï. Je ne le sais pas encore, mais cette première ascension que nous venons de réussir pourrait être un des plus grands moments de notre vie d'alpinistes étant donné son niveau de difficulté et d'engagement.

La nuit est maintenant là, criblée d'étoiles malgré un léger voile qui annonce le mauvais temps pour demain… Peu importe ! Nous marchons toujours, guidés à présent par une vague odeur de brûlé qui nous saisit sur le glacier. La moraine est là, toute proche, et en faisant irruption devant un groupe de Français tout étonnés, nos yeux brillent du plaisir de trouver tout simplement un feu de bois…

Tenailles de Montbrison

De retour en France, je continue à partager mon temps entre l'escalade, de grands moments avec Yann et des courses avec des clients. Depuis la ville de Briançon, une belle aiguille à deux têtes effilées se dresse, dominant fièrement la vallée de la Durance : les Tenailles de Montbrison. Tout au long de l'année, je les admire sans me lasser depuis ma maison ; l'hiver elles sont plaquées de neige et l'été elles s'élancent, rectilignes, vers le ciel. Au matin, en capturant les premiers rayons du soleil, elles se teintent de magnifiques couleurs roses. La voie classique qui parcourt l'une des aiguilles, l'éperon Renaud, est un vrai bijou que j'aime faire découvrir à mes clients amateurs d'escalade rocheuse.

Au petit matin, avec Bruno, mon client du jour, nous remontons le sentier qui mène à travers les forêts de mélèzes au pied de la paroi. « Regarde ! » Le soleil levant inonde les Tenailles de sa lumière dorée au moment où nous sortons des bois. Après le dernier pierrier, nous posons les sacs et nous préparons à l'escalade. Vers la frontière italienne et l'imposant sommet du Chaberton, des nuages sans consistance écrasent le col de Montgenèvre : c'est la pollution habituelle de la plaine du Pô et de Turin. Côté sud, une légère brume enveloppe la vallée de la Durance, annonçant une belle journée. Je prépare la corde et m'équipe des mousquetons, anneaux, coinceurs. J'échange mes baskets contre mes chaussons d'escalade et les accroche à mon baudrier. Dans un petit sac à dos, j'emporte quelques vivres énergétiques et un vêtement chaud. Après avoir vérifié le nœud d'encordement de Bruno, je m'élance dans la première longueur. Le début de la voie est relativement facile. Comme les longueurs sont courtes, cela me permet de juger de son aisance et je suis vite rassurée. Nous progressons rapidement et la réaction de mon compagnon – « C'est le pied absolu ! » – me confirme qu'il se fait plaisir. Avec les hommes, il y a toujours au début de la course une certaine timidité vis-à-vis de moi qui s'estompe rapidement. Même si Bruno n'est qu'un grimpeur occasionnel, je vois qu'il a gardé certaines des bases qu'il a acquises dans sa jeunesse.

Profitant des rayons du soleil, je me sens complètement dans mon élément, allant jusqu'à oublier que je suis avec un client tant l'escalade est plaisante. Cette vie me convient, je sais que c'est ce que je voulais et j'apprécie la chance d'avoir pu y arriver.

« Voilà, on arrive au rappel, je vais te descendre sur la corde jusqu'à la brèche. » Nous sommes au sommet de la première tour et je laisse Bruno disparaître vers le bas. Encore une longueur facile et nous voilà au pied de la longueur clé de la voie, cotée en VI/A1. Je sens que Bruno commence à stresser. Depuis ce matin, il me pose des questions sur cette longueur et se demande s'il sera capable de la faire.

« T'inquiète pas, ça va aller, si tu as besoin, sers-toi des pédales, je vais bien te tenir… » Je lui ai confié de véritables pédales, c'est-à-dire de petites échelles de cordes avec des marches confortables en aluminium pour mettre le pied. Elles se fixent sur le piton et permettent de se hisser très haut. C'est la pure tradition de l'escalade en artif ! Je commence par une sorte de fissure diagonale de gauche à droite avec des trous et continue dans des dalles assez compactes, avec une succession de pitons que je mousquetonne au passage. Je m'installe confortablement au relais pour être bien positionnée et pouvoir bloquer la corde de mon second qui est de plus en plus inquiet. « Vas-y Bruno, n'aie pas peur, tu es bien assuré… »

Je le vois démarrer la longueur à toute vitesse, dans une véritable fuite en avant, mais rapidement la fatigue dans les bras le rattrape, car l'ensemble est athlétique, et il se jette sur chaque piton en jurant avec rage ! L'utilisation des pédales qui cliquettent sur son baudrier est bientôt le dernier recours pour ses muscles tétanisés. « Avale, sec ! » Bien sûr que j'avale la corde, je suis pendue dessus pour qu'il n'ait pas de mou, mais je ne pourrai pas le hisser… « Ne t'énerve pas, repose-toi sur tes pédales à chaque piton, tu vas y arriver… » Il progresse toujours avec pas mal de jurons et, arrivé au dernier piton, après quelques contorsions, il s'exclame : « J'arrive pas à récupérer ma pédale, ça t'embêterait si je te laisse y aller, ça ira plus vite ! » Devant sa mine complètement défaite, je ne peux qu'approuver : « OK, viens là ! »

Après toutes ces émotions, je lui offre à boire et une barre énergétique qu'il apprécie. « Merci Martine, c'était sûrement un peu trop dur pour moi mais je suis super content de l'avoir fait ! »

Nous enchaînons les dernières longueurs qu'il trouve magnifiques. Il a récupéré le moral et le plaisir de grimper. Au sommet, Bruno est ravi mais fatigué. Nous admirons un instant la vue sur la vallée de la Durance, le petit vent frisquet venu du nord nous invite à ne pas traîner. Un rappel, puis des pierriers et un chemin raide nous ramène au pied des Tenailles.

Je sais que Bruno gardera un très bon souvenir de cette voie, d'autant plus qu'il a dû y mettre toute son énergie. Mon rôle est de le conduire au sommet, mais pour moi le plus important est qu'il y prenne du plaisir, qu'il se sente à l'aise dans l'escalade et qu'il apprécie la beauté du paysage. Le passage dur n'est qu'une étape à franchir, qui met du piment dans l'ascension et lui donnera une certaine fierté de l'avoir surmonté. Finalement, ceux qui ont montré le plus de réticences à accorder le diplôme de guide aux femmes ne voient le guide que comme celui qui tracte son client. Je préfère essayer de lui fournir les clefs qu'il a en lui pour surmonter les passages et progresser dans la discipline.

Face nord de l'Eiger (Suisse)

L'alpinisme est le symbole de « la conquête de l'inutile » comme le disait Lionel Terray avec, en plus, beaucoup d'occasions de mettre sa vie en jeu. J'aurais pu me satisfaire d'accomplir le métier de guide et mener une vie de famille, ce qui aurait déjà largement rempli mes journées. Mais avec J.-J., notre passion commune pour la montagne, pour l'effort et la beauté de ce milieu, notre complicité partagée dans ces moments où l'on se sent vivre pleinement nous poussent inexorablement vers les hauts sommets et les itinéraires engagés, sans que nous ayons forcément analysé notre démarche.

En cette fin août 1981, la face nord de l'Eiger envahit de sa masse de glace et de rocher la fenêtre du train qui monte vers la station de la Petite Scheidegg. Plus on s'en approche, plus elle grandit et s'étire démesurément comme si elle voulait nous engloutir. C'est une face triangulaire de 2 000 mètres de haut, dont la base s'étend sur au moins dix kilomètres. On ne trouve pas un pilier, ni une ligne d'ascension logique et belle, mais une succession indisciplinée de ressauts, couloirs, névés, surplombs, dans une atmosphère sombre et hostile. Sa présence est encore pour nous comme une toile de fond, irréelle, presque un mirage derrière ces verts pâturages et ces paysages typiques de la Suisse.

Je réalise que nous sommes bien en marche vers cette face nord, que tous ces rêves de plusieurs années sont en train de s'accomplir et je pense qu'elle arrive juste au bon moment, après l'avoir longtemps redoutée, dans une période où nous nous sentons moralement prêts. Pour nous deux, son ascension correspond à la suite logique du cheminement que nous avons suivi ensemble en montagne ces dernières années.

J'ai lu en frissonnant tous les récits des premières ascensions et tragédies qui constituent l'histoire de cette face. Jamais paroi n'aura fait payer aux alpinistes un tel tribut de morts et suscité un tel engouement médiatique. Il faut dire que l'ensemble de la face peut être observé au télescope depuis la Petite Scheidegg où l'hôtel et la gare intermédiaire du « chemin de fer de l'Eiger » attirent beaucoup de touristes. Le petit train qui monte depuis Grindelwald s'enfonce ensuite à l'intérieur même de la paroi de l'Eiger pour atteindre le glacier de Concordia. Le climat de l'Oberland est particulièrement imprévisible et capricieux ; durant l'été, les orages sont souvent violents et le mauvais temps peut s'installer pour plusieurs jours de suite. Comme le sommet de l'Eiger est situé à 3 970 mètres et que la face est raide, cela rend les chutes de neige dangereuses car elles provoquent des avalanches qui balayent toute la paroi. Toutes les premières tentatives à partir de 1934 échouèrent à cause des intempéries qui surprirent les cordées téméraires et mirent en péril la vie des sauveteurs.

C'est en 1938 que la première voie de la face nord fut ouverte par deux cordées qui se retrouvèrent par hasard dans la paroi, unissant leurs efforts pour sortir coûte que coûte sous la tempête de neige : d'une part les Allemands Anderl Heckmair et Wiggerl Vörg, d'autre part les Autrichiens Heinrich Harrer et Fritz Kasparek. À l'époque, cette réussite fut considérée comme un véritable exploit.

Alors que nous nous apprêtons à gravir la face nord de l'Eiger, nous estimons qu'il n'y a guère eu plus de cent cinquante ascensions de celle qui est encore considérée comme la voie la plus engagée et la plus longue des Alpes. Les prévisions météo sont encore très aléatoires et la meilleure période pour la tenter semble être la fin de l'été. Nous embarquons dans cette aventure notre ami Gérard qui sera notre client avec ses deux guides !

Le train nous débarque à la Petite Scheidegg, mais après quelques pas en direction de la face, J.-J. nous annonce : « Je crois que j'ai oublié quelque chose… les broches à glace ! » Quelle intuition lui a fait penser à cela au départ et non cinq cents mètres plus haut dans la paroi ? Pour moi l'incident est négligeable, le beau temps est là et un retard de quelques heures n'est pas catastrophique, mais lui est très contrarié !

J'essaye de le rassurer au mieux et il redescend donc, par le train, rechercher les précieuses broches tandis que nous l'attendons en étudiant l'itinéraire.

Vers midi, c'est le bon départ cette fois ! Une petite heure à travers les prés et nous sommes au névé, en train de chausser les crampons. Nous quittons le soleil et pénétrons dans l'ombre de la face. D'un seul coup, nous nous sentons comme aspirés par elle. Les pâturages et les vaches sont derrière nous et appartiennent désormais à un autre monde. Nous venons de pénétrer dans l'envers du décor…

Nous traversons une petite barre rocheuse sur laquelle est fixée une plaque mortuaire qui nous sert de prise de pied ! Nous franchissons des gradins faciles entrecoupés de petits murs, que nous escaladons l'un derrière l'autre, sans nous encorder. Le sac est lourd et, avec les chaussures hivernales aux pieds, je ne me sens pas spécialement souple et aérienne ! Ce socle en terrain relativement facile fait presque 500 mètres de haut. Nous le remontons rapidement, passant de couloirs en terrasses, et de terrasses en petits murs.

Sur une vire, une chaussure apparaît. Je pense tout de suite au professeur de l'ENSA qui a perdu l'une de ses hivernales au bivouac dans les fissures de sortie et qui est redescendu dans la tempête avec le seul chausson au pied… En m'approchant, je découvre la chaussure, la guêtre et, il me semble, un os. Au fond de moi, je refuse de comprendre cette vision et la laisse partir dans mon inconscient. Gérard, visiblement dégoûté, n'y accorde qu'un regard. Seul J.-J. parvient à regarder bien plus longtemps cet horrible vestige et doit se demander ce qu'on va trouver plus haut… Avec le recul, je me demande comment on a pu poursuivre dans cette ambiance macabre de champ de bataille. C'est vrai que l'on s'accoutume au risque et que l'on a l'impression d'être relativement invulnérable tant que l'on n'a pas été soi-même touché.

Nous atteignons la fin du socle, à proximité du Trou du voleur : c'est une fenêtre du chemin de fer qui monte au glacier de Concordia par le tunnel creusé à l'intérieur de la paroi. Elle peut constituer une échappatoire en cas de mauvais temps et nous essayons de visualiser son emplacement. Nous butons alors sur un mur compact. Nous sortons la corde et J.-J. commence à grimper, guidé par les griffures marquées sur le rocher par les crampons. Nous sommes au pied de la Fissure difficile et nous comprenons vite son nom. C'est un petit surplomb aux prises rondes et fuyantes, impitonnable car le rocher est trop compact. Avec un gros sac, je trouve ce passage très pénible et c'est aussi l'avis de Gérard.

Peu après, nous arrivons à la traversée Hinterstoisser qui est l'un des passages clés. Ouverte par le grimpeur qui lui a laissé son nom, elle permet, par un pendule et une traversée sur des dalles lisses, de rejoindre le premier névé. Mais les premiers ascensionnistes ne laissèrent pas de corde fixe en place et, surpris par le mauvais temps, ils ne purent jamais revenir en arrière. Ils se trouvèrent pris au piège et y laissèrent leur vie tous les quatre.

Nous découvrons une dalle verglacée que l'on peut heureusement suivre grâce à une corde en place. J.-J. s'y engage sans ses crampons et ne tarde pas à le regretter. Il s'aperçoit alors avec horreur que la corde fixe ne tient plus que par un fil à la suite d'un impact de pierres. Et c'est à ce moment-là que je vois une avalanche de neige poudreuse qui lui arrive dessus. Je crie « Attention ! » au moment où il la reçoit, ainsi que les pierres qui l'accompagnent. Je réalise d'un coup que nous sommes bien dans la face nord de l'Eiger, réputée pour ses chutes de pierres mortelles et ses avalanches. J.-J. s'en sort indemne par miracle et termine la traversée en quatrième vitesse en tirant largement sur tout ce qu'il trouve comme matériel en place, cherchant un abri au plus vite. Nous comprenons alors que le soleil, que nous venons de retrouver et qui rase la paroi en fin de journée, fait fondre la neige sur les hauteurs provoquant des chutes de pierres incontrôlables. J'ai peur de ce qui nous attend.

Nous voilà au Nid d'hirondelles, le bivouac que nous voulions atteindre. La mince banquette encombrée de neige n'est pas très accueillante et comme il est 5 heures du soir, nous pouvons encore avancer. Le Premier névé s'ouvre devant nous. J.-J. disparaît derrière un rocher et le remonte. Il s'agit d'une pente en glace noire à plus de 50 degrés où piolets et crampons n'arrivent pas à s'ancrer. Nos broches à glace sont des « broches à épines », sortes de gros pitons que l'on enfonce au marteau et qui fendent la glace, contrairement aux broches modernes qui se vissent dedans sans la faire éclater. Je ne suis pas très rassurée, d'autant plus que les tirs de pierres ne cessent pas. D'un coup, le vide s'est creusé derrière nous et la raideur de ce névé donne l'impression d'un toboggan glacé, hérissé de rochers, qui dévale vers un abîme sans fond, encombré par les brumes du soir.

Nous atteignons la barre rocheuse entre les deux névés où nous installons notre bivouac sur une petite plate-forme protégée par un surplomb. Vu les chutes de pierres ininterrompues, il vaut mieux attendre demain pour continuer. J'enfile sans hésiter mes pieds chaussés d'hivernales dans mon duvet. Les visions de la jambe et de la chaussure perdues se mélangent une seconde dans mes pensées, avant de disparaître… Le soleil décline à l'horizon. C'est un moment de paix infinie où les angoisses font place à un sentiment de bien-être physique. Le beau temps est là. Nous grignotons et buvons un peu, puis nous nous serrons l'un contre l'autre, plus pour sentir un contact rassurant qu'à cause du froid…

Aux premières lueurs de l'aube, je mets le réchaud en route savourant encore la chaleur du duvet. Après ce que nous avons vécu au Pérou, la nuit ne m'a pas semblé froide. Vers 7 heures, nous sommes prêts à partir. Maintenant l'air est plus vif. J.-J. reprend la tête, il préfère faire les longueurs en glace devant. Il s'élève jusqu'à un premier clou, se laisse penduler un peu, puis dérape tout à coup sur les dalles verglacées. Il faut dire qu'une mince couche de neige poudreuse recouvre les dalles dépourvues de bonnes prises et s'inclinant vers le vide. Il progresse avec précaution et arrive à une goulotte qui débouche sur le Deuxième névé mais, en bout de corde, il ne peut faire relais. Nous avançons délicatement pour lui permettre d'atteindre un bon emplacement. Ce premier passage est vraiment sérieux et nous remet immédiatement dans l'ambiance de la voie, à laquelle s'ajoute le froid du matin.

En arrivant au pied du névé, je reste encore frappée par l'ampleur de la paroi. Ce névé doit être remonté sur quatre longueurs puis, en butant sur des rochers, traversé sur dix autres ! Je découvre aussi une grande partie de la suite de l'itinéraire qui semble interminable : le Fer à repasser, le Troisième névé, la Rampe, la Traversée des dieux, l'Araignée… Tous ces noms font partie de l'histoire souvent tragique de cette face.

La glace noire est encore plus dure qu'hier avec le gel de la nuit. Heureusement, pour la même raison, les chutes de pierres se sont en grande partie calmées. Des îlots rocheux permettent de faire des relais plus sûrs, avant les deux premières longueurs de traversée descendante qui sont très délicates. Quelques replats le long des rochers et un peu de neige poudreuse dans les trous permettent de souffler un peu.

Nous remontons le Fer à repasser par une goulotte de glace qui nous conduit au Bivouac de la mort, une mince terrasse encombrée de congères donnée comme le meilleur emplacement de bivouac de la face… Je découvre des objets abandonnés par des grimpeurs qui nous ont précédés. Un reste de réchaud et une boîte de conserve disparaissent dans mon sac malgré la désapprobation de J.-J. qui nous trouve déjà bien chargés. On ne sait jamais, si notre visite dans la paroi durait plus longtemps que prévue… Le névé suivant est encore plus raide que les autres, environ 60 degrés. Nous atteignons le pied de la rampe et c'est à mon tour de continuer en tête.

Nous quittons avec plaisir les crampons et je commence à remonter la rampe sans regarder les débris de toutes sortes accumulés dans les trous (sacs, toiles, tentes, pédales…). Au bout de trois longueurs, j'arrive à un passage assez dur, verglacé et surplombant. Je ne veux pas perdre de temps en laissant mon sac, et après quelques hésitations, je franchis ce pas difficile. Plus haut, je découvre un étroit boyau entre la glace et le rocher. Avec les crampons et le marteau-piolet plantés dans la glace, dos au rocher, c'est un passage amusant qui ne me demande pas trop d'effort.

Deux longueurs plus haut, je rejoins une cordée d'Anglais au pied d'un passage surplombant. J'essaye de les doubler car ils n'ont pas l'air pressés, bien qu'ils soient partis deux jours avant nous. Après plusieurs essais, je finis par me hisser dans le surplomb et je continue dans une pente de neige raide. Je rejoins ainsi le début de la Traversée des dieux : de petits gradins ensoleillés agréables après ces rudes longueurs glacées à l'ombre. Les Anglais décident le bivouac, mais cette idée ne nous effleure même pas. Le soleil de la fin de l'après-midi nous donne des forces et nous voulons aller le plus haut possible. J.-J. reprend la tête et je la lui laisse avec plaisir, ayant eu mon compte d'émotions.

Nous arrivons à l'Araignée, le dernier névé. De loin, son aspect est assez engageant. Une fine arête de neige verticale le sépare en deux et il semble en neige plutôt qu'en glace. Mais il est balayé par une pluie presque incessante de pierres venues des plus hautes pentes de l'Eiger effleurées par le soleil couchant...

Je repère sur le côté une petite cascade où je peux remplir une gourde. Je m'y précipite car nous mourons de soif. Mais cette initiative n'est pas du tout prudente : je réalise que je suis exactement dans la trajectoire des pierres ! En voulant me dépêcher, j'ai accroché ma gourde au même mousqueton que mon piolet et celui-ci m'échappe pour glisser sur la pente avant de disparaître dans l'abîme. Je suis furieuse et peinée, c'était le matériel auquel je tenais le plus. Je l'avais bien en main et il m'avait porté chance à l'examen d'aspirant guide. Heureusement que nous en avons fini avec les difficultés glaciaires.

J.-J. continue, assez énervé par l'incident. Au moment où je relève la tête pour regarder où il en est, mon nez éclate : je viens de recevoir un bloc de glace en pleine face ! Instantanément je porte mon gant à mon nez comme pour en soulager la douleur intense. Le gant se teinte de rouge, sans compter la flaque de sang qui colore la neige. Malgré la violence de l'impact qui m'a complètement sonnée et les saignements impressionnants, j'essaye de persuader mes compagnons que cela ne doit pas être trop grave.

Nous commençons à ressentir la fatigue, surtout à cause de l'escalade dans cette glace noire qui nous donne des crampes aux pieds et nous fait mal aux jambes. Tout en cherchant un emplacement de bivouac, J.-J. commence à gravir les fissures de sortie. Aucun replat n'est en vue, nous sommes dans des couloirs de glace et des cheminées. Il est 20 h 30 et la nuit tombe. Il se décide pour une vague vire qui n'est encore qu'une pente de glace à tailler et sur laquelle nous aurons à peine de quoi nous asseoir, les pieds dans le vide… Il vaut mieux se dire que cela pourrait être pire car la première impression est vraiment décourageante, mais le fait de s'arrêter est merveilleux !

Gérard refuse toute nourriture et j'essaie de le retaper par les boissons que j'arrive tant bien que mal à confectionner avec de la neige fondue malgré la position très précaire du réchaud. Nous installons notre sac sous nos cuisses pour élargir la plateforme, les pieds soulevés par une sangle pour permettre aux jambes d'être étendues. J.-J. offre son épaule à ma tête et c'est certainement le plus beau cadeau qu'il peut me faire car je sais qu'il est le plus mal installé et qu'il ne dormira pas beaucoup.

Je n'arrête pas de penser à nos amis, Daniel Stolzenberg et Pierre Blanc qui ont été coincés par le mauvais temps probablement à ce même emplacement quelques années plus tôt. Ce dernier a perdu une chaussure ici au bivouac et il est resté ensuite une semaine dans le mauvais temps avec un sac en plastique au pied sur son chausson d'hivernale, le tout sans avoir de gelures, ce qui est un miracle. Ils avaient rejoint René Desmaison et sa cliente, piégés au même endroit ; elle s'en est sortie avec des amputations aux doigts ! Toute retraite est maintenant impossible, j'espère que le beau temps sera encore là demain…

Nous sommes prêts vers 7 heures. Je sens des croûtes un peu douloureuses sur mon nez, je ne serai sûrement pas très présentable pendant quelque temps mais je ne pense pas avoir de fracture, j'ai eu de la chance. Les cheminées verglacées qui nous attendent sont rébarbatives. Un vieux morceau de corde en place nous permet de passer plus facilement un surplomb. Une traversée à droite, puis trois longueurs dans une cheminée

Face ouest du Chopicalqui au Pérou (6 356 m) où nous avons ouvert un itinéraire dans l'éperon central avec nos amis Henri Sigayret et Alan Roberts en 1981.

Au pied de l'éperon central où passe notre voie.

Martine durant l'ascension.

Dans les couloirs bordant les *ice flutes*.

La cordée Sigayret-Roberts qui nous suit.

J.-J. atteint le haut de la voie constitué d'*ice flutes* et de cascades de glace.

Ascension de la face nord de l'Eiger (1981),
J.-J. dans la traversée Hinterstoisser.

Dans le Deuxième névé (à l'Eiger) en glace.

Première escalade en tête pour Yann dans les Calanques (*Voie de la Rimaye* au pic Saint-Michel).

Ascension de la face sud du Denali en Alaska (6 190 m) en 1982,
Martine dans les premiers couloirs de *West Rib*.

J.-J. atteint un replat vers 4 400 mètres.

Jean-Jacques au départ du dernier bivouac dans la face, vers 5 600 mètres.

En descendant la *West Buttress*, voie de descente du Denali après le sommet.

Dans la Chandelle, le passage clé du pilier central du Frêney au mont Blanc (1983).

Martine et Yann dans la voie *Bonatti* au Grand Capucin (Mont-Blanc) lors du tournage du film *T'es pas Capucin* (1986).

Ascension du Broad Peak au Pakistan (8 047 m) en 1984, Martine à l'arrivée au camp 2 vers 7 000 mètres.

Depuis le dernier col vers 7 900 m, les deux cordées en route vers le sommet.
En tête, Jean-Jacques et Martine, suivis de B. Moreau et D. Chatrefou (photo C. Nuytten).

Jean-Jacques et Martine au sommet de leur premier 8000. En arrière-plan, le K2 (photo B. Moreau).

Vue sur la cordée Moreau-Chatrefou qui nous suit sur la dernière arête.

Escalade dans les gorges du Verdon.

Avec Yann, en ski de randonnée à Chamonix.

Dans la voie *Nécronomicon* (falaise de l'Escalès).

Avec Josiane Sicre arrivant au relais.

Martine dans *Super Crack* à Indian Creek (Canyonlands, Utah) en 1986.

Yann dans *Soler* à Devil's Tower (Wyoming).

El Dorado canyon au Colorado,
voie *Nacked Edge* en 1986.

François et Yann au pied de Devil's Tower.

Les énormes cannelures de Devil's Tower : Yann dans la première longueur de *Matador*.

Yann et François dans la *Senic Cruise* au Black Canyon of the Gunnisson.

J.-J. dans *Matador*.

Un vol en parapente pour Martine sur les flancs du K2.

École de glace sur le glacier de Batura avec nos stagiaires pakistanais, près de la frontière chinoise (1985).

Avec notre cuisinier, en route vers le camp de base du K2 (1987).

J.-J. remontant l'éperon des Abruzzes sous les violentes rafales. © T. Sagot

Plus haut sur les pentes raides de l'éperon avant le camp 2. © T. Sagot

nous conduisent au pied des grandes pentes de neige sous le sommet. Les difficultés sont finies.

Un vent violent et glacial nous surprend sur la dernière pente. Je repars devant et j'atteins l'arête Mittellegi, fine lamelle qui limite deux abîmes : notre paroi nord et la face sud qui, malgré le soleil, n'est pas tellement plus accueillante. Atteindre le sommet de l'Eiger n'est plus qu'une formalité. Gérard partage notre soulagement et notre satisfaction ; à l'époque, cette course est souvent le point culminant de l'aventure alpine pour tout alpiniste.

En plus du beau temps qui était annoncé, nous pensions avoir choisi les bonnes conditions pour l'ascension : du rocher assez sec après un bel été. Il s'avérera dans le futur que cette voie majoritairement glaciaire est beaucoup plus facile à gravir dans des conditions hivernales, quand les névés peuvent offrir des marches de neige, alors qu'en été ils sont constitués de glace très dure. De plus, même en période estivale, il faut quand même grimper sur les rochers avec les crampons alors que l'hiver ils sont souvent recouverts de neige. C'est la raison pour laquelle les ascensions modernes ont permis des répétitions ultrarapides et en solo, grâce aussi aux réseaux sociaux qui vantent les conditions au bon moment. En 2015, plus de trente ans plus tard, le record de l'ascension, en solo, par Ueli Steck est de 2 heures 22 minutes, ce qui paraît absolument surréaliste !

Avec Yann dans les Calanques

L'hiver, J.-J. est souvent très occupé par son travail avec les clubs de ski de fond et l'encadrement des stages des jeunes coureurs. Dès le printemps, nous aimons nous retrouver en famille et initier Yann à notre passe-temps favori : l'escalade.

Yann se prépare ainsi à escalader sa première voie en tête, au Crêt Saint-Michel, à Morgiou dans les Calanques : *La Rimaye,* cotée V. Puisque nous sommes une cordée de trois grimpeurs, nous allons expérimenter une méthode peu habituelle mais qui va lui permettre de grimper en tête sans avoir à nous assurer et avec l'un de nous qui l'attendra au relais pour l'encourager et vérifier qu'il sera bien attaché. Je grimpe donc la première longueur et, une fois au relais, autoassurée, je renvoie ma corde à J.-J. pour qu'il équipe Yann qui va monter à son tour comme un vrai leader. Visiblement, notre petit grimpeur n'a pas l'air étonné de ce que l'on attend de lui. À huit ans, il est à l'aise avec tout le matériel qu'il connaît depuis toujours, il escalade souvent des petits rochers, mais n'a jamais été encordé.

« C'est bon, tu peux y aller… » Yann commence à grimper, assuré par J.-J. Nous ne le quittons pas des yeux, il monte régulièrement, en plaçant bien ses pieds sur les prises. Je suis épatée de le voir faire, comme s'il avait déjà l'expérience de longueurs d'escalade. Arrivé près d'un piton et d'un mousqueton, il y passe tranquillement sa corde. « Oh, un scarabée ! Dommage, il s'échappe dans un trou… » Il semble plus intéressé par la vie qui grouille dans les rochers que par l'escalade !

Yann me rejoint au relais : « Bravo, t'as super bien grimpé ! Regarde la vue qu'on a… » Tout en bas des pierriers, les cabanons de Morgiou et la mer paraissent déjà loin. « Là, tu es bien attaché au relais, tu peux te suspendre à la corde… » Pendant que je fais monter J.-J., j'observe Yann, captivé par de petits cailloux : toujours ce besoin qu'il a d'en ramasser et de remplir ses poches…

Je repars dans la deuxième longueur assurée par J.-J. et, une fois au deuxième relais, je lui renvoie ma corde pour permettre à Yann de repartir en tête. Je suis curieuse de voir comment il va se débrouiller dans cette dalle lisse, où sa taille ne lui permet pas d'atteindre les bonnes prises. Pas de problème, il trouve seul les placements de pieds en adhérence, et s'échappe au bon moment pour trouver un passage plus facile. Cette fois, au deuxième relais, il y a déjà plus de vide, mais il n'est pas davantage impressionné pour autant.

« Allez, encore une longueur et on sera en haut ! » Yann galope carrément dans ce cheminement facile qui mène à la crête sommitale ! « Alors, c'était bien ? » Difficile de savoir exactement ce qui se passe dans sa petite tête. En tout cas, il veut nous faire plaisir et il est heureux qu'on soit ensemble. Je suis peut-être un peu déçue de voir que ce n'est pas l'escalade qui l'a le plus intéressé, mais les cailloux qu'il a pu ramasser et les insectes qui peuplent les rochers ! En dévalant le chemin qui nous ramène près du village, je me dis que ces moments d'escalade passés avec lui sont inestimables et qu'ils vont faire partie des souvenirs que nous emmènerons dans nos grands voyages. Son petit minois et sa tignasse blonde nous accompagneront partout. Ces ascensions partagées en famille participeront à coup sûr à son envie et sa passion pour l'escalade dans les prochaines années.

Face sud du mont McKinley ou Denali, Alaska (6 190 mètres)

Juin 1982. « Vite, la tempête arrive, il faut monter la tente ! » En deux temps, trois mouvements, nous laissons de côté skis et pulkas et installons notre petite tente sur place pour nous y engouffrer le plus rapidement possible. Bien à l'abri, nous sentons le mauvais temps s'installer et la neige tomber à gros flocons.

Tout avait pourtant bien commencé lors de ce nouveau voyage où nous recherchions le dépaysement et la découverte de montagnes isolées au-delà du cercle polaire. Nous projetions l'ascension du mont McKinley ou Denali, le plus haut sommet d'Amérique du Nord (6 190 mètres), situé en Alaska, dans une région difficile d'accès où il faut se faire déposer en avion. Il est considéré par les Américains comme un sommet équivalent à un 7000 en Himalaya, compte tenu de sa situation près des pôles où la couche d'oxygène est moins épaisse. Notre ami Yvan Ghirardini nous avait fourni quelques informations et expliqué qu'à cause du climat particulièrement dur, il fallait prévoir beaucoup de vivres et de carburant pour le réchaud, les journées d'attente dans la tente pouvant être nombreuses... Cette fois, nous ne partions que tous les deux pour essayer de gravir en technique alpine la gigantesque face sud du mont Denali, 3 000 mètres de hauteur.

Depuis Anchorage en Alaska, nous avions rejoint en bus la bourgade de Talkeetna, porte d'entrée du parc national du Denali et réglé les nombreux problèmes d'autorisations avec les rangers. Ils nous avaient proposé la location d'une radio, que nous avions refusée à cause de son prix prohibitif et de son poids. Peut-être n'avions-nous alors pas mesuré à quel point nous allions être seuls...

Les avions n'ayant pas le droit de survoler le parc, le nôtre nous avait déposés sur la branche sud-est du glacier Kahiltna, à environ 30 kilomètres du pied du Denali. À 2 200 mètres d'altitude, un décor de neige féerique nous attendait, au milieu de gigantesques glaciers assez plats et d'une multitude de sommets tout caparaçonnés de neige. C'est le point de départ pour la voie normale, *West Buttress*, un très long cheminement vers le sommet. Nous avions équipé nos skis de demi-fond légers de fixations de ski de randonnée afin d'y mettre directement nos chaussures hivernales. À Talkeetna, nous nous étions aussi procuré des pulkas qui allaient nous permettre de porter le matériel et la nourriture pour une vingtaine de jours.

Une fois l'avion reparti, nous nous étions retrouvés seuls, avec un monceau de matériel et de vivres à transporter. Sans perdre de temps, chacun tirant une pulka lourdement chargée, nous étions redescendus à skis, d'abord sur le glacier principal, puis nous avions tracé vers notre sommet alors que le temps commençait à se couvrir. En à peine trois heures de marche, la tempête était sur nous.

Maintenant nous sommes confinés dans cet espace minuscule, notre bel élan coupé court, obligés de tuer le temps au mieux car nous restons bloqués deux jours complets. Quand nous pouvons enfin sortir, notre tente est enfoncée dans une couche de 80 centimètres de neige fraîche et notre matériel est complètement enseveli tout autour.

Je réalise alors notre isolement dans ces immensités immaculées. Pas une trace, nous sommes absolument seuls. Je ressens une profonde jouissance physique à tracer dans cette poudre et un pur bonheur d'être là et d'être engagée dans cette aventure. Tout à coup, dans un grondement de tonnerre, une gigantesque chute de séracs dévale les versants abrupts de la branche est du glacier. Tel un champignon atomique, l'avalanche de poudre envahit la vallée et nous redonne la véritable dimension des montagnes…

Arrivés à la jonction avec la branche nord-est du glacier Kahiltna, nous devons maintenant quitter l'itinéraire de la voie normale (que nous suivrons à la descente). Nous laissons pour notre retour un sac avec quelques vivres de secours et une pulka. Bien qu'il fasse jour vingt-quatre heures sur vingt-quatre, la température baisse la nuit et nous attendons les heures les plus froides pour continuer dans la partie la plus dangereuse de notre voie surnommée *Death Valley*, le défilé de la mort.

Minuit. Une lune ronde décore un paysage fantasmagorique où le soleil joue encore avec les sommets en les teintant de toutes les nuances de rose alors que les profondeurs du glacier Kahiltna se laissent envahir de pénombre. La vallée qui s'ouvre devant nous et qui s'enfonce vers la face sud du Denali est dominée de chaque côté par de hautes parois, hérissées d'énormes séracs qui montent une garde menaçante et impitoyable. Il y a dans l'air un silence oppressant, troublé par le seul crissement de nos skis sur la neige. Les pièges ne sont pas seulement au-dessus de nos têtes mais aussi sous nos pas car beaucoup de crevasses parsèment traîtreusement notre chemin.

Durant de longues heures, nous marchons pratiquement sans un mot, chacun de nous restant sur ses gardes. J'ai rarement été aussi tendue et inquiète au cours d'une ascension. Je navigue entre les crevasses, en piquant de temps en temps un petit fanion qui nous aidera dans ce labyrinthe en cas de retraite. Notre pulka, lourdement chargée, est attachée entre nous deux pour prévenir une chute dans une crevasse. Le glacier est de plus en plus tourmenté et abrupt. Il nous faut bientôt abandonner la pulka et les premiers pas, sac au dos, sont très pénibles. Chargés de plus de 20 kilos, nous avançons très lentement alors que le soleil du matin éclaire maintenant les montagnes.

Soudain, une rimaye profonde et surplombante nous barre la route. Un pont de neige dentelé, avec un gros champignon au milieu, semble la seule solution pour passer. Skis à la main, j'avance avec précautions, enfonçant presque jusqu'à la taille, m'attendant à chaque pas à crever ce fragile édifice. Monter ensuite sur le champignon tient plus du numéro d'équilibriste :

je me tracte sur les skis plantés dans la neige et l'arrivée se termine à quatre pattes pour ménager la fragilité de cet unique passage. J'assure J.-J. qui suit le même chemin. Nous avons un peu l'impression qu'une porte vient de se refermer derrière nous. Faire demi-tour serait problématique…

Nous pénétrons dans le cirque glaciaire au pied de la face sud. Enveloppés par les rayons du soleil matinal, nous pouvons enfin laisser l'angoisse nous quitter tout en sirotant une boisson bien méritée. Le temps est magnifique et la face nous écrase de ses dimensions gigantesques. Sur la droite, l'éperon Cassin se découpe sur le ciel en une succession de ressauts glaciaires et rocheux. Notre objectif, sur la gauche, est l'éperon Sud-Ouest (ou *West Rib*). Il est défendu à sa base par un raide couloir qui donne accès à une arête de neige, puis à un long cheminement de passages rocheux et de pentes de neige jusqu'à la crête sommitale, 3 000 mètres plus haut. Elle est tout ourlée de givre et ses rochers sont recouverts de pénitents de glace. Le glacier suspendu qui occupe le centre de la face sud ne tarde pas, lui aussi, à nous donner le spectacle de ses chutes de séracs qui finissent par devenir familières.

Le vent se lève dans la nuit et les rafales, dont l'intensité va croissant, sont de plus en plus effrayantes. À plat ventre dans la tente, nous essayons de toutes nos forces de tenir les arceaux, le vent risquant à tout moment de déchirer et de détruire le seul abri que nous possédons. Un instant je pense au capitaine Haddock dans *Tintin au Tibet* qui laisse sa tente s'envoler dans la tempête et je n'ai vraiment pas envie de vivre cette situation ! Nous nous chaussons rapidement et aménageons en catastrophe une plate-forme dans la rimaye d'à côté. Entre deux coups de vent, nous tirons la tente dans la crevasse où elle sera plus à l'abri. Enfin un peu plus rassurés mais maintenant complètement réveillés, nous attendons le lever du soleil en espérant qu'il nous amènera une accalmie.

Maudit climat d'Alaska, nous avions été prévenus... Voilà deux nuits et deux jours que nous attendons, en vain, la fin de la tempête. Des tourbillons gigantesques font voler la neige au pied de la face. Nous sommes un peu plus à l'abri du vent dans notre rimaye, mais c'est maintenant la neige que nous craignons parce que s'il en tombe trop, nous serons pile dans l'entonnoir d'une avalanche... Dans quel piège nous sommes-nous fourrés ? L'inquiétude sur notre situation précaire commence à entamer notre enthousiasme du départ, la perspective de redescendre le « défilé de la mort » m'épouvante.

Heureusement, nous ne manquons ni de nourriture ni de combustible. Nous avons un petit réchaud à essence, comme les grimpeurs américains, qui carbure dans la tente. Nous avions prévu quelques livres et un jeu de patience, le Master Mind, qui, au bout de deux jours et une quantité astronomique de parties, devient inutile.

Nous décidons de partir malgré le vent qui continue à souffler. Nous abandonnons nos skis au pied du couloir de *West Rib* et remontons peu à peu l'éperon, installant chaque soir notre tente dans une crevasse que nous aménageons pour nous protéger du vent. Un soir, nous ne parvenons pas à la faire reposer complètement sur la neige, un quart du tapis de sol surplombe une crevasse...

Enfin, au matin du troisième jour d'ascension, le temps est splendide. Nous sommes à 4 400 mètres environ et nous découvrons le dénivelé que nous avons déjà gravi. Nous dépassons pratiquement tous les autres sommets, sauf le mont Foraker et le mont Hunter, massifs et majestueux, sur les flancs desquels s'agrippent des glaciers dégoulinants de séracs. Des centaines de sommets couverts de corniches de neige dominent de profonds glaciers. Le glacier Kahiltna se déroule en fleuve de glace sur plus de soixante-dix kilomètres et va mourir à l'horizon dans les marécages des plaines du Sud. Devant une pareille féerie, je sens une communion mystérieuse se créer entre nous et l'environnement qui n'est plus un décor inerte et abstrait, mais qui nous fait vibrer jusqu'au plus profond de nous-mêmes. C'est aussi dans ces moments-là, rendus encore plus précieux par notre isolement complet, que je sens s'établir avec mon compagnon de cordée une merveilleuse et intime complicité. Nous voulions la solitude, nous ne sommes pas déçus…

Pas à pas, nous nous rapprochons de la crête sommitale, laissant derrière nous le vide de la face, surmontant les ressauts raides les uns après les autres, le sac un peu plus léger chaque jour.

Au soir du quatrième jour, vers 5 600 mètres, nous commençons à ressentir sérieusement l'altitude : même si nous avons respecté des paliers en faisant des étapes courtes, nous n'avons pas pu nous acclimater auparavant. Nous ressentons le manque d'appétit et l'écœurement devant la nourriture qui sont les signes du mal des montagnes. Toujours aussi expert dans l'art de faire fonctionner le réchaud à essence dans la tente, mon compagnon nous prépare des boissons qui deviennent notre unique source d'énergie. C'est avec mille précautions qu'il s'en sort car il ne manquerait plus qu'il enflamme notre seul abri !

Le lendemain, seul le mont Foraker dépasse encore d'une épaisse mer de nuages. Sur une terrasse rocheuse, notre frêle tente semble plantée sur le toit du monde. Je crois qu'il fait très froid, peut-être autour de - 30 °C, mais nous sommes bien équipés. Nous apprécions les surbottes confortables confectionnées par Yvan Ghirardini et tous les conseils vestimentaires qu'il nous a donnés.

Un vent glacial descend du sommet par le raide couloir qui nous en sépare. Il est d'ailleurs couvert de plaques à vent en neige très compacte, ce qui nous oblige à bien enfoncer piolets et crampons. Je me force à démarrer doucement. Très vite, chaque pas devient pénible, mais je sais qu'il me rapproche du sommet et c'est ce qui me fait avancer. Nous essayons, malheureusement sans succès, de faire fondre de la neige avec le réchaud et nous devons nous contenter de quelques gouttes d'eau glacée.

Enfin, vers 16 heures, nous débouchons avec soulagement sur l'arête sommitale. Nous tenons à peine debout tant le vent est violent. La mer de nuages est toujours là avec la sentinelle du mont Foraker. Nous n'avons qu'une envie, descendre au plus vite vers des régions plus hospitalières. Sur la voie normale que nous essayons de suivre maintenant, de vagues traces, très soufflées, nous indiquent la direction à suivre. Ce sont les premières marques d'une présence humaine que nous rencontrons depuis près de quinze jours et elles nous seront très précieuses dans le brouillard.

Peu à peu, en perdant de l'altitude, le froid devient moins intense et mon corps commence à retrouver un peu de bien-être. Sur *West Buttress*, l'arête aérienne que suit la voie de descente, je me laisse progressivement envahir par un sentiment d'apaisement alors que le soleil qui décline vers des nuages bouillonnants nous offre enfin une tiède chaleur. Nous suivons maintenant de bonnes traces dans une grande pente raide qui nous amène à un camp de tentes où les candidats à la voie normale préparent leur bivouac et nous accueillent avec des boissons chaudes ! Nous avons retrouvé un peu de civilisation…

Le lendemain, en descendant l'itinéraire interminable de la voie normale, nous découvrons par-ci par-là des charges et sacs divers qui témoignent des innombrables portages qu'effectuent les grimpeurs pour acheminer leur matériel et leurs vivres pour l'assaut sommital. Nous sommes étonnés de ce que la majorité des ascensionnistes n'utilisent pas de skis alors que nous regrettons vraiment ceux que nous avons dû abandonner au pied de la face.

La rencontre la plus improbable que nous faisons est celle d'une Italienne, adepte des grandes ascensions solitaires, avec qui nous passons un long moment à bavarder. Miri Ercolani, apparentée au duc des Abruzzes, fait ses portages en vue de son ascension en solo du Denali. Elle dépose son matériel dans des sacs en plastique tout le long de son chemin. Elle nous raconte qu'elle sort d'une prison canadienne pour avoir tenté en solo l'ascension du mont Saint-Elias, le plus haut sommet du Canada, situé dans l'une des régions du globe au climat le plus inhospitalier. C'est la raison pour laquelle les ascensions en solo y sont interdites. Probablement dénoncée, elle a été recherchée par hélicoptère et emprisonnée. Ses relations lui ont permis d'être libérée rapidement et elle tente sa chance maintenant sur le Denali. Je suis très impressionnée de rencontrer une femme avec une telle énergie pour un si petit gabarit et surtout avec une motivation aussi exceptionnelle pour les solos. Quelques jours plus tard, à Talkeetna, nous apprendrons par les rangers du parc qu'elle a atteint le sommet.

Beaucoup plus bas, nous retrouvons le sac et la pulka que nous avions laissés en passant. Cela va nous permettre d'alléger un peu nos sacs à dos car nous avons encore à faire toute la longue traversée sur le glacier Kahiltna. Le climat est maintenant humide et chaud ; il rend la neige très molle ; les ponts de neige sur les crevasses deviennent très dangereux. C'est la débâcle qui s'annonce. À plusieurs reprises, l'un de nous deux s'enfonce sur le bord d'une crevasse et c'est la corde entre nous qui lui évite une chute fatale.

Nous avons fait l'expérience d'une grande solitude durant cette ascension : quinze jours sans rencontrer âme qui vive, avec souvent des conditions très dures de vent, de neige et de froid. Une fois encore, cette aventure n'a été possible que parce que nous avions une grande confiance mutuelle et que tout notre passé en montagne ensemble nous y avait préparés. Jamais nous n'avions vécu une ascension aussi longue, engagée et isolée dans une région aussi inhospitalière. Nous pensons être maintenant prêts à gravir des sommets encore plus hauts… L'Himalaya ?

Stage de guide

Été 1983. J'arrive à la dernière étape de ma formation de guide de haute montagne. Je suis bien consciente que depuis l'examen probatoire il y a quatre ans, beaucoup de chemin a été parcouru dans les mentalités et que maintenant ma place chez les guides a plus de chances d'être acceptée. Il y a dans l'air du temps une certaine idée de la « libération de la femme ». Elles revendiquent partout leur place dans des milieux complètement masculins et elles ont réussi à entrer dans certaines professions, telles que pilote de chasse, chef d'orchestre, lieutenant de CRS, marin-pêcheur, toréador…

Ce stage n'est souvent qu'une formalité pour des aspirants guides qui ont eu une expérience professionnelle durant deux ans. Il se termine par un examen final avec des épreuves techniques et pédagogiques. L'ambiance entre professeurs et stagiaires est pourtant plus détendue et, sauf faute grave d'un candidat, le diplôme est au bout du stage. Pour moi cependant, rien n'est encore acquis…

Ne me sentant pas vraiment à l'aise à l'ENSA, je reste discrète. Nous suivons un stage avec des cobayes : il s'agit de clients volontaires qui participent à une semaine pédagogique. Nous sommes chargés de les encadrer, de choisir des courses en fonction des conditions, de la météo et de leur niveau, et de les prendre en charge complètement. Un professeur nous surveille et nous note, mais il joue aussi un rôle de conseil. La semaine a un petit air de colonie de vacances, surtout en école d'escalade, mais les choses deviennent ensuite plus sérieuses en montagne. J'emmène mon prétendu client dans une voie glaciaire à la Tour ronde et dans une voie rocheuse à la pyramide du Tacul.

Ensuite nous effectuons une semaine de courses dans les Dolomites au Passo Sella où je suis déjà allée avec J.-J. et nous grimpons plusieurs voies que j'ai déjà faites. Je me sens en terrain connu et je peux donner des informations sur les voies que nous choisissons d'escalader. L'atmosphère entre les professeurs et les autres stagiaires est cordiale. J'ai la chance d'être avec des examinateurs assez jeunes. Non seulement ils ne cherchent pas à me mettre en difficulté, mais ils ont un certain respect pour moi.

Je le ressens aussi encore davantage le jour où, avec le professeur Patrick Cordier, nous partons gravir l'éperon Frendo à la face nord de l'aiguille du Midi, alors que les conditions sont épouvantables et qu'il ne gèle pas. Il me demande mon avis pour savoir si je pense qu'il est prudent de continuer. C'est toujours la question piège si on ne veut pas avoir l'air de se dégonfler. Comme j'ai déjà gravi cette voie et que j'en connais les difficultés glaciaires, je lui réponds franchement qu'il vaut mieux renoncer avec de telles conditions. Je vois dans son regard comme un soulagement et je comprends qu'il apprécie ma franchise.

Le dernier jour arrive, avec l'ultime interrogation sur les nœuds et les manœuvres de secours. Je me retrouve soudain seule avec l'un des plus anciens professeurs de l'ENSA qui a toujours déclaré que « de son vivant, il ne laisserait jamais une femme devenir guide ». Son coéquipier examinateur est parti déjeuner. Cette situation est absolument illégale et sent le « coup fourré ». L'interrogation commence et je vois que ce guide chamoniard purement traditionnel a enfin l'occasion de me faire barrage. Il me fait alors tout réciter, pendant une heure, ponctuant ses demandes de « Mais ce n'est pas comme ça qu'on met la main pour faire le nœud de mule… » et dénigrant au fur et à mesure tout ce que je fais. Je finis épuisée par sa manière condescendante de m'interroger et je suis persuadée qu'il va me mettre une très mauvaise note.

Le lendemain, j'attends avec impatience les résultats de l'examen devant l'ENSA, quand Paul Keller, qui est président du jury et que je connais depuis plusieurs années, vient me voir pour m'annoncer quc j'ai réussi… Avec un sourire, il m'apprend que mon dernier examinateur a dû revoir sa note, qui était éliminatoire, car les conditions d'examen n'avaient pas été légales pour moi et le jury a estimé que je méritais de réussir…

Dernières grandes courses à Chamonix

Nous préférons ne pas nous attarder dans la vallée et reprendre notre liberté. Vu que les conditions en montagne ont l'air favorables, nous partons pour une semaine exceptionnelle en réalisant la trilogie des courses dont nous rêvions encore dans le massif de Chamonix.

D'abord nous partons pour l'éperon Walker à la face nord des Grandes Jorasses que cette fois nous réussissons à gravir très rapidement par beau temps.

Nous remontons immédiatement au refuge de l'Envers des Aiguilles pour faire l'ascension de la face sud du Fou, considérée alors comme l'enchaînement des fissures les plus dures du massif. Notre ami Éric Escoffier, que nous retrouvons au refuge, nous indique une astuce pour éviter la rimaye qui est très surplombante : nous nous faufilons dans une goulotte entre la glace et le rocher, ce qui nous permet de nous retrouver devant toutes les autres cordées parties en même temps du refuge.

À peine redescendus, le temps de refaire nos sacs à dos, nous partons gravir le pilier central du Frêney qui mène au sommet du mont Blanc sur le versant italien. Tout en remontant les pentes de neige et les rochers qui nous conduisent au bivouac Eccles, je ne peux m'empêcher de penser au livre de Bonatti qui m'a profondément marquée quand je commençais à grimper. Jamais alors je n'aurais imaginé qu'un jour j'irais tenter cette ascension. En juillet 1961, il voulait faire une première sur ce magnifique pilier rocheux, isolé à 4 000 mètres d'altitude et dont l'approche est déjà une grande course engagée. Retrouvant par hasard une équipe française menée par Pierre Mazeaud, Bonatti décide, avec ses deux compagnons, qu'ils uniront leurs efforts. Malheureusement, alors qu'ils approchent du sommet du pilier, ils sont surpris par un orage extrêmement violent avec des décharges de foudre qui les malmènent toute la nuit. Sans le savoir, ils sont au cœur d'une tempête absolument exceptionnelle pour un mois de juillet, qui va durer une semaine. Le récit de Bonatti sur leur retraite durant six jours et la tragédie qui coûtera la vie à quatre des meilleurs alpinistes du moment est bouleversant et continue de m'impressionner.

Pour nous, ce pilier représente un peu la course suprême du massif de Chamonix que nous rêvons de démythifier. Partis de nuit du bivouac Eccles, nous traversons les pentes raides en glace qui nous mènent au pied du pilier que nous remontons pour atteindre la Chandelle, le passage clé, là où Bonatti et ses compagnons se sont fait surprendre par le mauvais temps. J'imagine leur redescente, dans une effroyable tempête, depuis ce balcon à plus de 4 500 mètres sur le versant italien qui plonge vers la vallée de Courmayeur dans un chaos de rochers et de glaciers raides et crevassés. Je me sens heureuse de dominer cette course, mais je veux avant tout rester modeste car je sais que cet environnement, idéal par beau temps, peut basculer rapidement et devenir un piège.

Les dernières longueurs sont vite avalées et ce jour-là, au sommet du mont Blanc, le diplôme de guide en poche et ces enchaînements réalisés, je savoure avec mon compagnon le bonheur d'avoir pu enfin réussir toutes ces ascensions longtemps désirées. Nous allons pouvoir mettre de côté notre quête d'ascension des parois les plus prestigieuses de Chamonix. Je n'ai pas la prétention de penser en avoir fait le tour, mais j'ai envie de passer à autre chose, de me consacrer à ce nouveau métier et davantage aussi à notre fils qui grandit et avec qui nous pouvons maintenant partager beaucoup dans notre choix de vie. Les aventures himalayennes pourront aussi peut-être nous conduire dans un autre monde.

***

De retour à la maison, j'ai la surprise de recevoir une invitation d'Edwige Avice, ministre déléguée au Temps libre, à la Jeunesse et aux Sports, qui veut me remettre en mains propres mon diplôme, signé de sa main. Conviés avec J.-J.

à un déjeuner à Paris, nous nous retrouvons au milieu de la plupart des personnalités françaises du monde de l'alpinisme, dont le président du Syndicat national des guides de montagne, Daniel Stolzenberg. Madame la ministre profite de ce rassemblement pour évoquer la création d'un brevet de moniteur d'escalade, à l'initiative de son conseiller, Yves Ballu. Ce diplôme permettrait d'ouvrir une partie du domaine d'action des guides vers des grimpeurs de rocher plus citadins, qui ne mettent jamais les pieds en montagne.

Tout comme le Syndicat national des guides, je ne souhaite pas que le diplôme soit démantelé en diverses activités. L'alpinisme est un tout, même s'il reste un sport élitiste qui demande un gros investissement en temps, condition physique et engagement. C'est ainsi que je l'ai pratiqué jusqu'à maintenant.

Exercer le métier de guide de haute montagne

Nous avons choisi de vivre à Briançon car nous nous sentons en montagne, à pied d'œuvre pour toutes nos activités, mais dans une atmosphère moins fermée qu'à Crévoux. Ma priorité est de garder un équilibre entre vies familiale et professionnelle. J'essaye de m'organiser pour mener de front mon travail en ski de fond l'hiver, une activité de guide au printemps et en été, avec des moments privilégiés où nous faisons découvrir à notre fils tout ce qui fait partie de notre univers pour lui donner le goût de l'effort, le plaisir de gravir un sommet et d'en redescendre en glissant. Nous l'emmenons faire des randonnées à skis. Il monte avec son matériel de ski de fond et des peaux de phoque, ce qui est très léger pour lui, et éventuellement des crampons sur ses chaussures de fond si la montée est raide et gelée. Nous transportons ses skis et chaussures d'alpin pour lui permettre de se régaler à la descente. Il est déjà très fort skieur après quelques années en club, et peut passer partout. Quand je vois ce petit bonhomme dévaler les pentes à toute vitesse avec joie, j'en suis profondément heureuse.

À skis de randonnée

J'encadre un petit groupe pour quelques journées de ski de randonnée. Le jour précédent, nous avons traversé depuis

Cervières par le col des Ourdéis pour rejoindre Brunissard dans le Queyras. Ce matin, nous repartons de Brunissard pour rejoindre Cervières par le col des Portes. Nous marchons à skis depuis l'aube et l'allure est loin d'être trépidante. La fatigue de la veille, mais surtout le manque d'entraînement de mes clients sont flagrants. Je profite d'une petite halte pour regarder la carte et voir si je ne pourrais pas raccourcir l'étape. Je choisis un itinéraire de repli, par la crête de Côte Belle, qui me semble beaucoup plus rapide à atteindre. Une fois en haut, je me rends compte que la descente est raide et le risque de faire partir une plaque à vent au sommet du couloir m'inquiète sérieusement.

« Je vais descendre d'abord et vous ferai signe quand vous pourrez venir... » Je pars en traversée descendante, le cœur battant, m'attendant à chaque seconde à sentir la neige s'effondrer sous mes skis, avant de faire deux virages pour me mettre sur le côté du couloir.

« C'est bon, à vous ! Chacun à votre tour en suivant bien mes traces... » Le premier s'engage et, au lieu de tourner comme moi, continue à traverser. Tout d'un coup, la pente se fracture sous ses skis et une plaque de neige de la largeur du couloir commence à glisser. Je hurle : « Continue à traverser, reste bien debout ! » Malgré sa panique, il ne se fait pas déstabiliser et il s'arrête un peu plus loin, complètement tétanisé. Je le rassure du mieux que je peux, mais l'incident a jeté un froid sur l'ensemble du groupe qui n'ose plus descendre. J'ai beau leur expliquer que le couloir est maintenant purgé et que nous ne risquons plus rien, ils viennent de réaliser ce qu'est une avalanche, que c'est susceptible de partir sous les skis sans crier gare et de transformer en un instant une randonnée agréable en drame.

À force de persuasion, ils finissent par descendre, mais l'ambiance n'est plus la même malgré les magnifiques virages en poudreuse qu'ils effectuent plus bas.

Le ski de randonnée durant l'hiver et le printemps est l'une des activités que je préfère et que j'exerce en professionnelle. C'est un très bon moyen de pratiquer la montagne avec la récompense de grandes descentes en neige vierge. Le raid à skis, avec les clients, est comme une petite aventure qui leur permet d'entrer en symbiose avec le milieu montagnard car ils se retrouvent isolés dans un environnement inhabituel pour eux qui les déconnecte de leur mode de vie citadin. Les relations deviennent plus intimes et créent une vie de groupe authentique avec le guide.

Une autre fois, j'effectue ma première traversée à skis au col de Larche-Briançon avec un groupe de filles très sympa. La première étape doit nous conduire à Maljasset. Les conditions de neige sont bonnes, avec une mince couche de poudreuse qui a effacé toutes les traces précédentes. J'ai décidé d'emprunter un passage qui n'est pas classique afin de rendre la journée plus attrayante. Je dirige mon groupe vers un col qui semble propice. Mais une fois arrivée en haut, je découvre avec surprise qu'une corniche s'est formée au sommet de la descente et que je ne peux raisonnablement pas laisser mes compagnes la franchir sans assurage, d'autant que le couloir qui suit est raide. Sans commentaire, j'installe une corde fixée sur mes skis plantés verticalement dans la neige, laissant croire à mes compagnes que cela était prévu ainsi dans mon itinéraire. Je leur indique comment descendre en dérapage tout en se tenant à la corde. Elles sont ravies de cet épisode inattendu et se prêtent au jeu avec empressement. Une fois arrivées au refuge, elles commentent avec plaisir cet exercice qui a mis du piment à la journée.

Après une étape à Ceillac, nous atteignons deux jours plus tard le sommet de la pointe de Rasis en direction de Château-Queyras. Le temps est toujours beau, mais un vent violent a raboté le sommet qui s'est transformé en calotte de glace. Avec les couteaux sur les skis, nous montons sans trop de problèmes, par contre le moment où il faut enlever les peaux de phoque et remettre les fixations en position de descente est très délicat. Je me tiens prête à enrayer une chute qui pourrait mal se terminer vu la neige dure et je me place plutôt en contrebas du groupe. Au moment de partir, la première perd un ski qu'elle avait mal attaché. Il reste heureusement fixé par la lanière, mais sa propriétaire chute et commence à glisser sur la glace. Skis aux pieds, je m'élance et l'agrippe pour arrêter sa glissade. Nous nous retrouvons toutes les deux à plat ventre et dans une position précaire. Nous nous relevons avec mille précautions.

« Maintenant vous descendez l'une après l'autre jusqu'au replat ! » À tour de rôle, elles rejoignent un passage moins raide quelques dizaines de mètres plus bas et je reste prête à intervenir. Le passage dangereux se termine heureusement sans nouvelle chute et nous profitons d'une très longue et somptueuse descente jusqu'à Château-Queyras.

Nous rallions en taxi le refuge de Souliers où nous passons la nuit. Le lendemain, nous nous dirigeons vers le col des Portes et cette fois j'y conduis mon groupe sans problème. Depuis le col, nous voyons le mauvais temps arriver de Briançon. Alors que le brouillard commence à s'installer dans la descente et qu'un fin grésil nous transperce, un renard, surgi de nulle part, nous indique le chemin en détalant sur la neige, moitié glissant sur son derrière. Sa présence est complètement incongrue en hiver à cette altitude – 2 800 mètres –, et c'est maintenant lui notre guide ! Je retrouve mon terrain d'entraînement habituel, heureuse d'avoir mené mon groupe de « nanas » jusqu'au but.

Le principal danger avec le ski de randonnée est le risque d'avalanches. Peu à peu, des moyens de secours vont se développer, comme les ARVA (Appareil de recherche des victimes d'avalanches) qui peuvent permettre de localiser des skieurs enfouis sous la neige. La possibilité pour les professionnels de disposer de radios de secours sera également un énorme progrès. En attendant, ma ligne de conduite avec des clients reste, pour les balades à la journée, de choisir des objectifs peu dangereux. Ce qui ne m'a pas empêchée de me trouver parfois dans des situations délicates où la chance peut jouer un grand rôle. Comme cette fois où je me retrouve assise sur une plaque de neige qui vient de se décrocher et glisse doucement vers le bas, comme si j'étais sur un morceau de polystyrène. Ou encore ce jour où je me fais prendre dans une coulée qui me pousse contre un mélèze auquel je m'agrippe pour ne pas continuer à être entraînée dans l'avalanche.

Ce jour-là, alors que je navigue à la boussole dans le brouillard en direction du col des Muandes, au-dessus du refuge des Drayères, dans la vallée de Névache, j'arrive finalement sur la roche du Chardonnet. Au moment où Xavier, mon client, enlève ses peaux de phoque, un de ses skis disparaît dans une pente raide, happé par le brouillard. Évidemment ce n'est pas du côté où nous devons descendre… Sans grand espoir de le retrouver, furieuse, je désescalade à pied la pente hérissée de rochers et, après une centaine de mètres, heureuse surprise, je retrouve son ski planté dans la neige !

Une autre fois encore, j'accompagne J.-J. avec un groupe de jeunes pour un entraînement à skis. Au départ du couloir de descente, alors qu'il se méfie et nous demande d'attendre son signal, il se retrouve emporté par une plaque de neige qui s'est accumulée dans le couloir. En quelques secondes, il se fait brasser et ensevelir dans l'avalanche de poudreuse qui l'entraîne sur une centaine de mètres. D'un coup, un de ses skis se plante dans la neige et il se retrouve la tête en bas, suspendu au petit mousqueton de sa fixation, alors que le reste de l'avalanche dévale jusqu'à un replat où elle s'entasse sur plusieurs mètres. Immédiatement, je me laisse déraper jusqu'à lui alors qu'il sent qu'il va se noyer et a du mal à reprendre sa respiration. Je l'aide à se remettre sur pied, complètement sonné mais indemne…

Lors des nombreux raids que j'encadre ces années-là avec des clients, il est parfois difficile de maintenir le programme prévu, compte tenu des aléas de la météo et des conditions de neige. C'est pour moi un véritable dilemme qu'il n'est pas toujours facile de faire accepter aux clients.

Je pars pour un raid en Italie dans la vallée d'Aoste avec un petit groupe. Depuis le Valsavarenche, en montant en direction du Grand Paradis (4061 mètres), je découvre avec surprise que tous les sommets sont recouverts d'une calotte de glace. Le vent a formé des vagues de neige compacte sur les glaciers, toute la poudreuse a disparu et le paysage a des allures de pôle Sud. Une fois au refuge, je préviens mes clients qui se demandent si on va pouvoir atteindre le sommet : « On va avoir besoin des crampons. Si la neige est trop dure, nous laisserons les skis quand la pente deviendra raide. » Je sens qu'ils sont un peu inquiets et je ne suis pas non plus enchantée, parce qu'avec de bonnes conditions, la descente aurait pu être un régal. Le lendemain, je ne presse pas trop le mouvement histoire de laisser le soleil ramollir un peu la neige. Malheureusement, ce n'est pas le cas : malgré le beau temps, un petit vent glacial court sur la pente gelée. Au bout d'une heure de marche, je donne le signal d'arrêt :

« On laisse les skis ici. » Nous chaussons les crampons. La pente, qui devient raide, est carrément en glace… Je n'ai pas envie que l'un d'entre eux chute à skis dans cette pente gelée. Nous partons encordés, comme pour une course d'été. Nous montons lentement et je suis obligée d'adapter le rythme aux plus faibles car tous mes compagnons n'avancent pas à la même allure et l'altitude se fait sentir. Quand nous atteignons les rochers près du sommet, la température n'a guère augmenté. Je propose qu'on s'arrête là, chacun est satisfait, nous avons fait le maximum en fonction des conditions. La descente à la queue leu leu se passe bien, chacun est attentif à ne pas glisser. Quelques virages nous ramènent au refuge : « Allez, on se fait une bonne bouffe et demain, nous aurons une super descente ! »

C'est vrai, le lendemain, après le passage d'un col, nous entamons une descente très longue en neige transformée vers le Val di Locana. Le moral de mes troupes est revenu. Mais très vite le temps se gâte et une chute de neige nous surprend alors que nous remontons la haute vallée de Locana. Nous sommes vite trempés par cette neige humide et enveloppés d'un brouillard qui efface tout relief. C'est ce qu'on appelle le « jour blanc » : par moments, nous ne savons même pas si nous montons ou si nous descendons et parfois nous avons la sensation de glisser alors que nous sommes à l'arrêt.

La fin de la journée approche, mes clients sont fatigués et je commence à être très inquiète : la cabane où j'espérais coucher le soir est impossible à trouver, je m'imagine mal organiser un bivouac dans ces conditions. L'obscurité se fait de plus en plus pressante et mon anxiété grandit. Soudain un petit chalet d'alpage surgit du brouillard. Il n'est pas ouvert, mais l'idée qu'il pourrait nous servir de refuge est déjà dans tous les esprits : « On pourrait démonter la serrure sans l'abîmer… » suggère l'un d'entre nous. Je jette un coup d'œil interrogateur à deux de mes clients qui sont magistrats de profession… Visiblement, ils n'ont pas envie de coucher dehors et sont prêts à passer l'éponge sur cette infraction qui leur semble bien pardonnable vu les conditions ! Aussitôt dit, aussitôt fait : nous nous retrouvons bien au sec, devant un poêle qui carbure, appréciant cette soirée inattendue, avec l'absolution de la magistrature !

La tempête fait rage toute la nuit. Au matin, nous remettons tout en place, y compris la serrure ; et même si les propriétaires découvrent que leur chalet a été squatté, ils se demanderont longtemps comment on a pu rentrer ! Je choisis de suivre l'itinéraire du col du Nivollet, qui sera facile à trouver et, je l'espère, à l'abri des avalanches.

Au cours des printemps suivants, j'effectue plusieurs raids comme Chamonix-Zermatt, le mont Blanc de Cheilon, le Pigne d'Arolla, l'Albaron, le mont Rose, le massif de l'Ortles dans les Dolomites ou encore la traversée des monts Taurus en Turquie… C'est une activité professionnelle que je ne pratique pas à plein temps au printemps, car je ne veux pas être loin de ma famille trop longtemps. Chaque raid est minutieusement choisi, ainsi que ses participants. Je veux qu'il soit réussi et reste un souvenir important pour chacun. Les activités pour un guide de haute montagne sont diverses et s'adaptent aux saisons. Quand le printemps arrive, j'ai toujours très envie d'escalade…

Évolution de l'escalade

1984. « Attention, je vais peut-être voler ! » Je préviens J.-J. qu'il faudra qu'il bloque la corde si je me laisse tomber parce que je n'arrive pas à passer. Je tente ma chance dans la voie *TCF* à Buoux cotée 7a. J'arrive au pas dur et j'essaye un mouvement tellement aléatoire que j'ai peu de chance de le réussir. « Bloque ! » Ça y est, je suis tombée de deux mètres, retenue par le spit qui assure le passage. « J'essaye encore une fois, fais gaffe ! » Me voilà repartie, je parviens à monter un peu plus haut, mais ce n'est pas encore la bonne… Et hop, retour à la case départ ! Ces sensations de « voler » dans un passage sont nouvelles pour moi, ainsi que de faire plusieurs essais, ayant toujours été habituée à ce que la chute soit interdite en montagne. Gravir un 7a devient mon objectif.

Une révolution en escalade est en train d'arriver en France, à l'initiative des grimpeurs anglo-saxons et américains : c'est le début de l'escalade libre. Tout l'équipement en place a pour but de s'assurer et non d'aider à la progression. Les cotations des passages deviennent plus précises et surtout plus ouvertes vers le haut car la difficulté est augmentée si on ne s'aide pas du matériel en place : pitons, spits, coinceurs. L'escalade est considérée comme un challenge sur une longueur de trente à quarante mètres, au sommet de laquelle le leader passe la corde dans un relais et redescend. Il assure alors son second depuis le pied de la voie. Si celle-ci est bien équipée, la chute devient possible même pour le leader, car elle lui permet de repousser ses limites au maximum. L'escalade sportive est en train de naître et elle va amener toute une nouvelle clientèle sur les falaises, ce qui va aussi m'ouvrir des débouchés professionnels. La pratique de l'escalade sportive est moins dangereuse que les grandes ascensions où les grimpeurs risquent souvent leur vie et elle va devenir au cours des années à venir un véritable phénomène de société, ouvrant les sites d'escalade aux familles et permettant à tous les âges et tous les publics de s'initier à une activité ludique.

C'est l'âge d'or pour le site de Buoux, dans le Luberon, où des dizaines de longueurs sont équipées et deviennent le terrain d'entraînement des meilleurs grimpeurs. Dans le Verdon, la plus haute partie de la falaise de l'Escalès est aussi équipée de voies d'une longueur que l'on atteint en descendant en rappel depuis la route. Les vêtements aussi changent beaucoup : fini le casque, les vieux pantalons troués remplacés petit à petit par des collants fluos, le sac à magnésie devient la touche artistique de la panoplie du grimpeur. La figure emblématique et médiatisée de cette transformation est Patrick Edlinger, grimpeur d'exception, qui fait connaître l'escalade rocheuse au grand public par des films époustouflants.

Dans le Briançonnais aussi, les écoles d'escalade évoluent et des « couennes » (escalades d'une longueur de corde) s'ouvrent au Pouit et à Saint-Crépin où de jeunes grimpeurs venus du Sud de la France deviennent des exemples pour nous, faisant évoluer notre manière de grimper : Thierry Volpiatto, Didier Raboutou, Stéphane Troussier, Jacques Perrier dit « Pschitt »...

Toujours passionné par l'équipement de voies, J.-J. continue son exploration des sites à ouvrir. Les spits fleurissent sur beaucoup de petites falaises car maintenant l'équipement se fait avec des perceuses. En compagnie d'autres ouvreurs comme Gérard Fiaschi ou Jean-Michel Cambon, il développe les sites de Freissinières, du Pouit, de La Roche de Rame, du Fournel, des Traverses... Il crée à Briançon un club d'escalade qui va regrouper beaucoup de jeunes grimpeurs dont certains se classeront plus tard parmi les meilleurs du monde. Je l'aide aussi, en tant que guide, à encadrer ces sorties qui débouchent sur des stages d'escalade et d'alpinisme en été. Pour tous ces jeunes issus des vallées, l'objectif principal est de préparer le diplôme de guide. Pour nous, c'est l'occasion de partager des voyages d'escalade en famille et cela deviendra un véritable mode de vie.

Nécronomicon au Verdon

« J'y vais. Quand tu sentiras la corde molle, tu pourras descendre... » Je suis avec Josiane Sicre au départ des rappels de *Luna Bong* dans les gorges du Verdon et je viens de lancer la corde qui a disparu, happée par le vide. Nous nous apprêtons à rejoindre la voie *Nécronomicon* qui démarre au beau milieu de la falaise. Je commence à me laisser glisser le long de la corde et dès que je passe le sommet du surplomb, j'aperçois l'ensemble de la paroi et surtout le nœud que j'ai fait au bout de la corde qui se balance quarante mètres plus bas, à quelques mètres du rocher ! J'ai toujours un petit pincement au cœur à cet endroit parce que, pendue dans le vide, je me mets à tournoyer sur moi-même, telle une pauvre araignée prise au piège de son fil, et je me demande si je vais pouvoir prendre pied au relais grâce à la petite branche d'un arbre planté dans la paroi et qui se tord au-dessus de l'abîme. Après maintes contorsions, j'agrippe la branche avec un pied et je me hisse dans l'arbre avec soulagement.

Arrivée à son tour au relais, Josiane me lance : « Heureusement que tu m'avais prévenue ! » Je la sens tendue et très impressionnée par le vide. Commencer l'escalade en descendant une paroi n'est pas naturel, surtout lorsqu'elle est surplombante car il n'y a pas eu d'accoutumance progressive. Encore un rappel et nous voilà à pied d'œuvre : « Regarde notre fissure... » Je lui montre la voie que nous allons gravir et je sens qu'elle est très motivée et qu'elle se laisse envahir par l'excitation de l'escalade dans ce décor vertigineux. Je la laisse maintenant nous confier ses impressions et raconter comment elle a vécu cette ascension :

« L'ambiance est là, renforcée par la rumeur du torrent. Au relais très exigu, je coince la corde sur mes jambes pour ne pas qu'elle glisse, mais cela augmente ma sensation d'inconfort. Martine part dans une envolée qui suit une fine fissure, les passages sont expos. Je la regarde, les mouvements s'enchaînent, les gestes sont sûrs, je suis rassurée et impressionnée par mon amie. Seule, accrochée à la falaise et suspendue au-dessus de l'abîme, j'ai la sensation étrange d'être au milieu de nulle part. Puis c'est mon tour, un petit frisson me parcourt le long du dos. La fissure est petite et teigneuse, je me bats dans les premiers mouvements. Ces remontées en plein vide, livrées au bon plaisir de la corde, sont toujours impressionnantes. Le contact avec le rocher me ravit, la pierre est tiède et grise, je me sens dans mon élément. Mon rythme est lent car je cherche les prises, je place mes pieds et je dois trouver le bon équilibre. Les longueurs aériennes s'enchaînent dans ce cadre magnifique. J'ai oublié l'appréhension du vide et l'inconfort des relais. Nous voici dans la dernière longueur sur des dalles grises très sculptées et, au sommet, Martine est là qui m'accueille avec un grand sourire et des yeux qui pétillent. Je suis heureuse d'avoir vécu ces instants magiques avec elle… »

« Tu vois, tu t'en es bien tirée, finalement ! » Josiane arrive au sommet encore haletante. Cette voie que nous avons gravie ensemble a renforcé notre amitié et fait naître une vraie complicité. Je sais que très peu de cordées féminines se lancent dans les voies dures du Verdon, mais ce n'est pas cet aspect-là qui m'intéresse. En plus du plaisir de grimper, ce qui est important pour moi, c'est de vivre ces moments intenses avec des personnes qui partagent cette passion et qui créent un réel climat de confiance et d'intimité. Le vide est toujours présent au Verdon et fait partie du jeu, et je ressens l'excitation de le dominer et d'y entraîner ma compagne qui me confie sa vie. C'est à la fois une énorme responsabilité et un merveilleux cadeau qu'elle me fait.

***

Ascension du Broad Peak, Pakistan (8 047 mètres)
Été 1984 – Grimper un sommet de 8 000 mètres... C'est un désir que nous avons depuis longtemps avec J.-J., mais qui est un peu compliqué à réaliser car il faut le soutien d'une expédition organisée ayant obtenu l'autorisation et payé les droits du sommet au pays concerné. Chaque expédition doit en effet s'acquitter d'une somme de plus en plus importante en fonction de l'altitude du sommet, peu importe le nombre de grimpeurs. À l'époque, cela permet de réserver le sommet à une seule expédition durant une partie de l'été, ce qui a du sens car il est parfois difficile d'établir certains camps d'altitude pour beaucoup de tentes en même temps. Mais avec l'augmentation des demandes, les choses ont bien évolué ces dernières années : les gouvernements des pays himalayens ont vite compris que c'était un moyen facile d'obtenir des devises...

Disposant de moyens financiers modestes, nous contactons une équipe d'alpinistes parisiens qui ont monté leur projet d'ascension du Broad Peak (8 047 mètres), au Pakistan. Ils acceptent de nous inclure au sein de leur équipe : Bernard Moreau, le chef d'expédition, Denis Chatrefou, Christian Nuytten, Jacques Giraud, Alain Cokkinos et Anne-Catherine Pernod, médecin. À cette époque, très peu de femmes, et encore moins de Françaises, sont montées à 8 000 mètres. Mais pour moi, c'est avant tout un défi personnel que je veux tenter et qui n'a de sens qu'accompagnée par le fidèle compagnon de toutes mes aventures...

Arrivés au cœur des montagnes depuis Islamabad, puis Skardu, nous allons suivre pas à pas nos porteurs qui nous accompagnent jusqu'au camp de base pendant quinze jours. Nous quittons progressivement les derniers villages aux maisons de terre où les femmes se cachent à notre approche, les champs de blé si verts, les bandes de gamins curieux en haillons et les eaux tumultueuses de la rivière Braldo. Nous pénétrons dans le monde minéral et glacé du glacier du Baltoro : des pierres à l'infini qui recouvrent la glace, pas un brin d'herbe, pas un animal, excepté ces énormes corbeaux qui vivent des déchets laissés par les expéditions. Les montagnes paraissent gigantesques : d'abord les grandes faces rocheuses impressionnantes des tours de Trango, puis les sommets glaciaires du Masherbrum, de la tour de Mustagh, du Gasherbrum et enfin le Broad Peak et le K2 que nous découvrons en arrivant à Concordia, la jonction des grands glaciers du massif du Karakoram.

C'est au camp de base, à 5 000 mètres, que les choses sérieuses commencent. Pour atteindre les premières pentes, il y a d'abord un torrent à traverser qui court sur la glace et disparaît peu après dans l'intérieur du glacier. Il nous oblige à faire un large saut. J.-J. rattrape de justesse Christian qui n'a pas pris suffisamment d'élan et qui manque de se faire engloutir. Nous apprendrons plus tard que l'une des alpinistes polonaises qui accompagnait Wanda Rutkiewicz sera emportée en traversant ce torrent…

Peu après nous découvrons, au pied de la montée, un corps inerte, couché à plat ventre au bord d'une crevasse, probablement un alpiniste qui a laissé sa vie sur le Broad Peak ces dernières années. Vu les grandes pentes raides qui nous surplombent, j'imagine qu'il a glissé ou qu'il a été emporté par une avalanche qui l'a enseveli. D'un coup, je me retrouve confrontée aux risques de notre expédition. Chaque année, des alpinistes disparaissent en voulant grimper ces monstrueuses montagnes et j'essaye toujours de ne pas y penser. C'est un choix que nous avons fait d'être là et de tenter une aventure sûrement dangereuse, mais avec le sentiment que nous ferons le maximum pour limiter les risques. Je pense aussi que la famille de cet ascensionniste n'a peut-être pas pu faire son deuil en l'absence d'un corps. Nous pouvons difficilement l'atteindre dans cette zone crevassée et, le jour suivant, il est happé par le glacier qui restera pour toujours sa dernière demeure.

Il va falloir être très vigilant dans ces grandes pentes raides où il n'y a pas d'assurage possible et où la chute serait fatale.

Dès les premiers jours, nous installons un camp à 6 300 mètres. Avec mon compagnon, nous ne nous quittons pas d'une semelle, chacun vivant au rythme de l'autre, cherchant à nous acclimater de concert. Nous ferons ce sommet ensemble et notre détermination s'est forgée depuis plusieurs mois en nous préparant physiquement pour cette entreprise. Nous remontons des pentes raides en neige dure jusqu'à 6 800 mètres. Au fur et à mesure que nous prenons de l'altitude, je suis époustouflée par le panorama qui s'étale sous mes yeux : plusieurs énormes glaciers se rejoignent à Concordia et forment le Baltoro qui se déroule, tel un monstrueux fleuve recouvert de pierres, sur au moins soixante kilomètres. Des dizaines de sommets couverts d'une neige immaculée nous entourent et le K2, en forme de pyramide, nous domine de ses arêtes abruptes. Mais une chute de neige nous surprend ; un temps nuageux et très instable s'installe. Nous rejoignons le camp de base pour préparer un assaut vers le sommet.

Nous nous sentons tous les deux en bonne forme et repartons rapidement vers le sommet. Nous bivouaquons d'abord à 6 300 mètres, puis rejoignons avec plus de peine notre deuxième bivouac à 7 100 mètres. J.-J. trace et je me demande comment il peut tenir aussi longtemps sans s'arrêter. Dès que je le relaie, je perds le rythme régulier qui m'a permis de monter jusqu'ici tranquillement et facilement. J'ai les jambes qui deviennent si lourdes que j'ai du mal à les soulever et je m'arrête souvent pour reprendre mon souffle.

Le lendemain, nous continuons sur une partie glaciaire moins raide. Le temps est assez couvert, il a beaucoup neigé pendant la nuit et nous enfonçons dans la neige fraîche jusqu'à la ceinture. Nous marchons ainsi pendant plusieurs heures. Je finis par prendre le sac de mon compagnon, en plus du mien, pour lui éviter de s'enfoncer trop profondément dans la neige. Malgré cela, nous ne montons même pas d'une centaine de mètres à l'heure. Un vent très fort se met à souffler et une éclaircie nous laisse entrevoir le sommet. J.-J. s'exclame : « Regarde, on va y arriver, on est tout proches ! » Mais on n'avance pas et finalement, vers 7 600 mètres, nous décidons de renoncer pour aujourd'hui car le sommet est encore trop loin.

De retour au bivouac à 7 100 mètres, nous retrouvons Bernard et Denis. Malgré notre envie de retenter le sommet, nous pensons qu'avec ce mauvais temps, il vaut mieux redescendre au camp de base pour récupérer. Nous voyons bien que nos forces se dégradent plus rapidement au-dessus de 7 000 mètres. J'enrage de m'incliner et de devoir tout remonter plus tard, car pas un instant je n'imagine renoncer. Nos chances de réussite semblent bien compromises…

Notre ami Ashraf, qui supervise l'expédition au camp de base, a une bonne expérience du climat dans le massif du Karakoram. Il a été le premier alpiniste pakistanais à gravir le K2 et nous avons toujours confiance en son jugement. Il nous annonce un changement de direction du vent et par conséquent le beau temps probable pour quelques jours.

Après une journée passée au camp de base, le grand beau temps s'installe. Ayant à peine récupéré, nous voilà repartis avec tous les membres de l'expédition, c'est maintenant notre seule chance de réussir. J.-J. prévoit d'installer un bivouac vers 7 600 mètres afin de faire l'aller-retour au sommet avant la nuit. Cela veut dire transporter, en plus du matériel d'ascension, une tente, des duvets, des vivres et un réchaud par cordée. Mais c'est nous donner aussi plus de chances de réussite et surtout nous apporter une meilleure sécurité dans la redescente.

Cette fois, la neige s'est un peu tassée. Nous installons les deux tentes de notre bivouac le plus haut après un travail épuisant pour aménager une plate-forme, brassant la neige jusqu'au ventre, le souffle court et les jambes lourdes. Nous profitons des derniers rayons du soleil couchant, alors que le glacier du Baltoro, 2 500 mètres plus bas, est déjà noyé dans l'ombre, avant de nous enfiler dans la tente pour une soirée interminable.

Je prépare un peu de graine de couscous, sans grande conviction. Nous avons abandonné depuis longtemps les lyophilisés que nous n'arrivons pas à avaler. Je me demande comment Christian, qui partage notre tente, arrive à manger sa ration dont l'odeur seule m'écœure déjà ! Trouver ma place pour dormir dans cette boîte à sardines est maintenant le plus dur pour moi : à trois dans une tente prévue pour deux, c'est rude à 7 600 mètres, d'autant plus qu'en étant ainsi confinés, le manque d'oxygène se fait sentir. De temps en temps, je m'assieds pour prendre une bonne bouffée d'air. J.-J. me tend une tisane et je le remercie d'un regard. Je ne peux pas imaginer me trouver là sans lui. Sa présence à mes côtés a toujours été un réconfort et l'assurance que tout se passera bien. Seul l'amour rend possibles toutes ces attentions et cette tendresse dans des conditions difficiles où l'on a tendance à se replier sur soi.

Le sommeil ne vient pas. J'évite de penser à demain et je préfère m'envoler vers des rochers baignés de soleil et une petite frimousse qui doit demander: « Où est-ce qu'ils sont? Quand est-ce qu'ils reviennent? »

5 août, 6 heures du matin: - 15 °C à l'intérieur de la tente. Les parois et les bords du duvet sont tout givrés et, dès que je bouge, je reçois sur la figure des cristaux glacés. Dehors, le thermomètre marque - 25 °C ! Ce vent de Chine a bien amené le beau temps, comme nous l'avait prédit Ashraf, mais il est aussi très froid. Presque une heure pour mettre mes chaussures, mes surbottes et mes crampons: jamais je n'aurais imaginé que ces simples gestes me demanderaient autant d'efforts. Dès que je baisse la tête, j'ai du mal à respirer... Denis et Bernard sont déjà partis. Je monte doucement, mais régulièrement, sans m'arrêter. Mon rythme ne me permet pas de me réchauffer, je suis complètement transie de froid. La pente se redresse sous le col qui sépare le sommet central du sommet principal et elle se termine par un étroit et raide couloir. Enfin, je débouche au col et au soleil: même s'il ne chauffe pas encore beaucoup, c'est bon pour le moral. Je découvre le versant chinois, très sec, avec des glaciers beaucoup moins étendus que côté pakistanais.

Remplaçant Bernard et Denis à la trace, nous gravissons avec J.-J. les deux cents derniers mètres de l'arête sommitale, formée de quelques passages rocheux et d'énormes corniches surplombantes. Le vide est vertigineux de chaque côté. La neige est dure et les crampons mordent bien. Plus bas, je vois deux petits points au col: Christian et Alain ont dû s'arrêter. Nous prenons pied sur la dernière arête, presque horizontale, qui paraît sans fin. Nous la suivons jusqu'au dernier petit ressaut. Il est 14 heures, nous sommes au sommet du Broad Peak, à 8 047 mètres, et il fait une température printanière ! Bernard et Denis nous rejoignent quelques minutes plus tard et nous sommes heureux de partager notre joie avec eux. Nous avons apprécié leur compagnie tout au long des heures difficiles que nous avons vécues ensemble. La moitié de l'Himalaya est à nos pieds. Seul le K2 nous domine encore. De quoi rêver pour plus tard…

Stage des guides pakistanais

1985 – Dans la foulée de cette expédition au Pakistan, notre ami Jean-Pierre Frésafond, alors président du GHM (Groupe de haute montagne) – association qui rassemble depuis de nombreuses années une partie des meilleurs alpinistes de l'époque –, propose à J.-J. d'encadrer un stage de formation des guides pakistanais durant l'été. Il souhaite donner plus de prestige au GHM et ce projet qu'il a lancé lui tient particulièrement à cœur. Il accepte qu'on y aille tous les deux pour que je puisse aider J.-J. à l'encadrement et nous décidons d'emmener Yann avec nous pour lui faire découvrir le Pakistan. François, le frère de J.-J., est aussi du voyage.

Dès l'aéroport d'Islamabad, on découvre la chaleur humide et poisseuse qui colle les habits sur la peau. Nous sommes assaillis par une faune d'hommes bruyants et agressifs avec pancartes, cartes de visite, proposant « *change money* » ou d'autres combines. Heureusement, nous sommes attendus par du personnel de l'armée, qui tient les rênes de l'alpinisme et réglemente la venue des expéditions étrangères.

Pour Yann, qui a onze ans, tout est découverte et spectacle déroutant : des tas d'ordures partout avec des odeurs insoutenables, un trafic incroyable avec klaxons ininterrompus, une foule composée uniquement d'hommes qui nous dévisagent et nous mettent mal à l'aise. Nous sommes logés à Rawalpindi, l'ancienne capitale, qui grouille d'habitants, mais il n'y a pratiquement aucune femme dans les rues, sinon complètement voilées. J'ai de la peine pour elles, mais surtout de la colère contre ce monde masculin qui les opprime. Au matin, il n'est pas rare de trouver des cadavres humains sur les trottoirs, qui sont évacués par des camionnettes spéciales.

Le lendemain, en route vers Islamabad, la capitale administrative, alors que notre taxi s'arrête brusquement dans un bruit inquiétant, Yann qui se penche par la fenêtre s'écrie : « On vient de perdre une roue qui a traversé la route ! »

Après une réparation improvisée, nous pénétrons dans une ville quasiment déserte, aux très larges avenues et aux constructions récentes. Le contraste est saisissant avec la misère, la promiscuité et la multitude des habitants de Rawalpindi. Du fond d'un bureau perdu dans un énorme bâtiment, nous avons droit à un briefing complet par un militaire dont la principale préoccupation est que ce stage coûte le moins cher possible. Nous l'éprouvons dès le lendemain dans le bus particulièrement inconfortable qui doit nous conduire à Gilgit en une quinzaine d'heures… nous n'avons pas eu droit à un billet d'avion !

Nous sommes attendus dans une sorte de centre de montagne, qui doit appartenir au Club alpin pakistanais ou son équivalent, et où va se dérouler le stage. Nous sommes au pied du Rakaposhi (7 788 mètres), mais en fond de vallée, à seulement 1 500 mètres d'altitude ; il fait une chaleur épouvantable et le moindre névé se trouve au moins 3 000 mètres plus haut ! Nous apprenons que les stagiaires risquent de mettre la semaine pour arriver, car les Pakistanais n'ont pas tout à fait la même notion du temps. *Inch Allah* (« si Dieu le veut ») est aussi un paramètre essentiel à prendre en compte pour toute l'organisation…

Fort heureusement, nous retrouvons notre ami Ashraf Aman, qui nous avait accompagnés au Broad Peak. Il propose de nous balader dans la vallée Hunza dont il est originaire et de nous faire découvrir son village. Nous y sommes accueillis chaleureusement par des femmes non voilées. Chacune de ces vallées abrite des ethnies différentes qui vivent selon leurs propres règles, adaptant le Coran à leur mode de vie avec une certaine autonomie par rapport à Islamabad. Même de tradition musulmane, ces populations semblent plus libres dans la pratique de leur religion et je me sens beaucoup plus proche de ces femmes que de celles qui vivent en ville et dont on n'aperçoit que les yeux. Ashraf est très fier de nous montrer que son peuple ne cache pas ses femmes.

Durant plusieurs jours, nous visitons les hautes vallées jusqu'à la frontière chinoise. La route a été construite par les Chinois et traverse des paysages de montagnes très arides. Le glacier du Batura, l'un des plus long du Pakistan (cinquante-six kilomètres), prend fin tout près de la route. Cet endroit, à proximité du village de Pasu (à environ 2 600 mètres), nous paraît bien plus approprié pour faire le stage et nous redescendons vers la basse vallée avec ce projet.

De retour au centre de montagne après ces quelques jours, seuls deux stagiaires sont arrivés ! En espérant que d'autres viendront nous rejoindre, nous commençons par des manœuvres de corde dans les arbres et équipons une petite barre rocheuse qui est surtout constituée de terre ! Le personnel du centre nous apporte régulièrement du thé dans des tasses en porcelaine. Le soir, nous avons droit à un repas de riz. Afin d'agrémenter un peu l'ordinaire, nous donnons quelques roupies au cuisinier pour qu'il achète un poulet. À notre grande surprise, ce soir-là, notre riz ne contient plus que les os du poulet, la viande ayant disparu au cours de la préparation…

Convaincre le personnel à notre service de transférer le camp à Pasu, au pied du glacier de Batura, n'est pas une mince affaire. Le centre est doté de matériel pour nos stagiaires (cordes, baudriers, crampons, piolets, sacs à dos…) car ils n'ont aucun équipement personnel, et pour l'installation d'un camp et d'une cuisine, c'est un peu compliqué mais finalement nous obtenons satisfaction et c'est un véritable déménagement auquel nous avons droit, dans un bus de l'armée…

Durant quelques jours, nous pouvons organiser des écoles de glace et de rocher dans un cadre magnifique avec une chaleur supportable. Nous avons maintenant sept stagiaires plus ou moins à l'aise : recrutés dans des agences touristiques et non dans les vallées des montagnes, ils n'ont aucune condition physique. Nous nous faisons peu d'illusions quant à la perspective d'en faire des guides de montagne. Mais ils sont intéressés et se plient consciencieusement aux exercices que nous leur proposons.

Nous décidons de terminer le stage par l'ascension d'un sommet de 6 000 mètres, sur les contreforts du glacier. Malheureusement, la première étape jusqu'au bivouac va éliminer une partie des troupes, épuisée par la marche le long du glacier, d'abord dans des forêts clairsemées de genévriers thurifères probablement plusieurs fois centenaires, puis dans des zones couvertes de sable et de pierres.

Le bivouac est plutôt agréable avec du bois pour faire du feu. Au matin, nous n'avons plus que deux stagiaires encore motivés, les autres préférant profiter du campement. Ils n'ont pas la forme, et en plus ils ont une certaine appréhension à continuer dans un environnement peu habituel pour des citadins. Finalement, après quelques heures de montée dans des pentes d'herbe puis de neige, nous atteignons un replat vers 6 000 mètres qui marquera la fin de notre ascension, cette expérience ayant au moins permis à Yann et à François d'atteindre cette altitude.

De retour à Islamabad, J.-J., malade, ne peut se rendre au débriefing et me charge de le remplacer. Je me retrouve donc seule, moi, une femme, face au grand chef militaire. Celui-ci prend ma présence comme une offense, ne pouvant imaginer bien sûr qu'une femme puisse être guide de haute montagne. Je sens que notre travail n'est pas apprécié, malgré toutes les difficultés que nous avons eues et que nous avons essayé de gérer au mieux. C'est finalement l'ENSA qui reprendra la formation après notre première expérience. Nous réussissons tout de même à faire admettre l'idée qu'il faut organiser ce stage en montagne et sélectionner des stagiaires plus entraînés…

Premières compétitions en escalade

L'escalade rocheuse commence à devenir un sport médiatisé avec des vedettes qui font la une des toutes jeunes revues spécialisées. Les photos d'escalade mettent en valeur des athlètes bronzés et les grimpeuses sont aussi de plus en plus présentes, avec un niveau qui va croissant.

Été 1985, un évènement se prépare auquel j'ai envie de participer : la première compétition d'escalade internationale qui va avoir lieu tout près de Briançon, dans la vallée Étroite, à Bardonecchia, en Italie. Elle arrive dans une période où la plupart des grimpeurs ne sont pas d'accord pour que l'escalade devienne un sport de compétition avec des règles très strictes. Finalement, presque tous les meilleurs grimpeurs européens sont là pour y participer, malgré les options d'évaluation que choisissent les organisateurs.

Pendant plusieurs jours, le site de la vallée Étroite, avec ses forêts de mélèzes et ses prairies verdoyantes, est transformé en un immense campement. La paroi des Militaires, qui forme l'un des contreforts de la vallée, a été choisie pour être le terrain où vont s'affronter les grimpeurs et va offrir toutes les longueurs nécessaires.

D'abord une épreuve de vitesse à laquelle tous les concurrents doivent participer. C'est probablement un désir de copier les compétitions russes de l'époque. Il faut grimper une longueur de V+ le plus vite possible, en moulinette, en étant assuré par un câble en acier fixé sur une poulie. Pour ma part, je trouve l'épreuve peu intéressante et je n'y brille pas.

Dans l'épreuve de difficulté, je réussis à me maintenir parmi les trois meilleures grimpeuses après les voies de sélection et je me retrouve en finale dans une longueur de 7a. C'est un style de rocher assez étrange, avec une succession de dalles et de petits surplombs. Cette escalade très technique fait particulièrement appel aux placements de pieds. Je monte lentement dans la longueur, assurant mes pas pour ne pas glisser, surmontant chaque spit avec soulagement. Mais arrivée au dernier point, je suis arrêtée par le jury pour avoir utilisé tout mon temps imparti. Décidément, la vitesse n'est pas ma meilleure qualité ! C'est donc Catherine Destivelle qui remporte l'épreuve, sans conteste la plus rapide, talonnée par l'Italienne Luisa Iovane, un peu plus lente. Je termine pour ma part à la troisième place, assez contente de ma performance, étant de loin la plus âgée des trois. Chez les hommes, c'est Stefan Glowacz qui s'adjuge la première place. Lors de la remise des prix, je suis particulièrement fière de recevoir ma récompense des mains d'un grand alpiniste mythique que j'admire, Riccardo Cassin.

Je suis très heureuse d'avoir participé à cette première compétition d'escalade, mais je n'ai pas envie de concourir à l'avenir dans ce genre d'épreuves. Ce que je veux, c'est essayer de grimper des longueurs de plus en plus dures.

La compétition de Bardonecchia nous a donné des idées pour le Briançonnais. J.-J. vient de réussir le professorat de sport et il a l'occasion de changer d'activité professionnelle, passant du ski nordique, qui dépend de la Fédération française de ski, à l'escalade et l'alpinisme qui dépendent de la Fédération française de la montagne et de l'escalade. Il devient le premier professeur de sport « Montagne-Escalade » en France. Chargé plus spécialement des Hautes-Alpes, il a pour missions, entre autres, de développer les clubs qui s'occupent de l'entraînement des jeunes en escalade et en alpinisme, d'organiser des manifestations qui peuvent élever le niveau des pratiquants, d'équiper de nouveaux sites d'escalade.

Il s'entoure d'une équipe de guides de haute montagne, dont je fais partie, avec Michel Lesueur, Jeannot Faure, Jean-Marie Rey, Stéphane Troussier, Roland Marie, Jean-Yves Hubaud… Je me sens bien intégrée dans ce milieu de guides avec qui je partage ma passion pour l'escalade. Nous nous retrouvons d'ailleurs souvent pour grimper ensemble et nous essayer dans les voies teigneuses à doigts de Saint-Crépin. J'apporte aussi à J.-J. un soutien dans ses actions par mes qualifications professionnelles pour l'encadrement des jeunes en escalade et alpinisme et par mon implication bénévole auprès des clubs : je suis alors présidente du comité départemental Hautes-Alpes de la Fédération française de la montagne et de l'escalade et participe activement au fonctionnement du club de Briançon.

Depuis plusieurs jours, nous préparons une compétition d'escalade au Pouit, probablement l'une des premières en France. La veille de la manifestation, dans l'après-midi, alors que tout est prêt pour le lendemain, nous croisons un couple de jeunes qui s'apprêtent à grimper :

« Où allez-vous ?

– Nous voulons faire la voie des *Dalles à kaki…* »

Nous les regardons attaquer leur première longueur, surveillant qu'ils ne s'exercent pas sur les nouvelles voies ouvertes pour la compétition. Leur niveau technique ne semble pas très élevé, nous voilà rassurés : ils ne sont pas venus pour participer à la compétition.

Le lendemain, arrivant les premiers avec J.-J., des cris nous accueillent : « Au secours, au secours ! » Nous apercevons nos deux grimpeurs sur la dernière vire, visiblement en difficulté. Rapidement, nous montons au sommet du Pouit, dont la paroi ne fait que quatre-vingts mètres de haut et procédons au sauvetage de la cordée qui a buté dans les derniers vingt mètres de la voie, au passage en V+. Complètement transis de froid après avoir bivouaqué en tee-shirt sur la vire, ils nous expliquent qu'ils n'ont pas réussi à passer et n'ont pas su redescendre en rappel. Ce sera probablement le seul bivouac inopiné que comptera cette petite falaise !

La compétition est un succès et voit les victoires de Didier Raboutou et de Renée Guérin, compagne de notre ami et célèbre ouvreur, Bruno Fara. Cette épreuve est le prélude à plusieurs autres que nous organiserons en falaise, notamment les premiers championnats de France d'escalade – toutes catégories – à Saint-Crépin. Ils mettent alors en lumière la présence de très jeunes grimpeurs. Toute une génération d'enfants a choisi cette discipline comme sport. Avec des sites maintenant bien équipés, elle peut se pratiquer très jeune. C'est la première fois que des enfants participent à une compétition d'escalade. Je suis très fière que Yann gagne dans sa catégorie – benjamin – en réalisant une voie de 6c+.

Quelques années plus tard, alors que les compétitions commencent à se développer sur des murs artificiels, J.-J., qui s'implique avec passion dans le développement de l'escalade en Briançonnais, obtient le soutien du maire de Briançon, Robert de Caumont, qui accepte de financer une des premières installations de France. Pour l'inaugurer et fêter aussi le nouveau téléphérique du Prorel, le club organise une grande compétition, « le Master du Prorel » qui s'inspire de celle qui vient d'avoir lieu à Bercy. J.-J. s'occupe de toute la partie technique et moi de la partie administrative. En 1989, pour la première année, l'épreuve est ouverte aux meilleurs Français du classement national confrontés aux espoirs les plus prometteurs (cadets, juniors) et à quelques grimpeurs locaux. Didier Raboutou l'emporte devant Jean-Baptiste Tribout.

L'année suivante, de nombreux grimpeurs étrangers – de dix nationalités – y participent. La victoire revient à Lynn Hill, suivie de Luisa Iovane chez les femmes, et à Jerry Moffatt suivi de Yuji Hirayama et de Didier Raboutou chez les hommes. Les jeunes grimpeurs briançonnais sont dans les places d'honneur, notamment François Lombard, Damien Charignon et Serge Blein. En 1991, la troisième et dernière édition verra les victoires d'Isabelle Patissier, suivie de Robyn Erbesfield, et chez les hommes de Jean-Baptiste Tribout, avec François Legrand, François Lombard et Serge Blein *ex aequo* à la deuxième place.

Ces premières expériences auront été le prélude à celles qui sont maintenant devenues des coupes du monde, organisées successivement à Serre Chevalier, puis à Briançon et reconnues dans l'univers de l'escalade. C'est devenu un sport à part entière qui n'a plus grand-chose à voir avec l'alpinisme. Les grimpeurs sont des gymnastes, voire des acrobates, qui s'entraînent sur des murs n'allant, pour certains, même plus sur du rocher. Je ne pourrai pour ma part jamais dissocier l'escalade de la nature, du contact des mains et des chaussons avec tous les types de rocher qui font la richesse de nos terrains d'évolution. Grimper n'est pas seulement s'approprier une technique sportive, y progresser et se faire quelques émotions fortes, c'est aussi s'intégrer dans un milieu naturel, apprendre à le connaître, le protéger et le garder comme un terrain vital où l'on peut se ressourcer. C'est pour cette raison que j'ai toujours organisé les stages d'escalade des jeunes du Briançonnais sur des falaises et non des murs.

Voyage dans l'Ouest américain

Nous rêvons de retourner aux USA pour découvrir les parois qui entretiennent le mythe de l'escalade américaine. Nous avons peu d'informations, excepté un livre de Romain Vogler, *Les États-Unis*, qui vient de sortir et dont les superbes photos invitent au voyage. Il nous donne notre destination de départ, Boulder dans le Colorado, et nous allons ensuite suivre presque page par page son parcours dans l'Ouest américain. Nous partons à quatre, avec Yann et François, le frère de J.-J., toujours prêt à nous suivre partout. Après le Pakistan, c'est la première fois que nous partons faire un long voyage avec Yann pour des vacances… consacrées à l'escalade !

« Où sont passés les friends ? » Cette question fait le tour de notre petit campement à Boulder, chacun essayant de se remémorer la journée passée à grimper à El Dorado Canyon. « On a dû les oublier au pied de la dernière voie… » Quelle catastrophe ! Ces friends – véritables « amis » pour les grimpeurs – sont des coinceurs de tailles variées qui ont un caractère un peu magique car ils peuvent, par simple pression du pouce, se régler à la taille des fissures. C'est une vraie révolution pour l'escalade en fissure, mais ils coûtent une fortune et nous venons juste d'en acquérir quelques-uns. Dès le lendemain, nous retournons sans grand espoir où nous pensons les avoir oubliés. Quelle n'est pas notre surprise d'y retrouver un ranger du parc à qui des grimpeurs américains ont rapporté notre inestimable cargaison… Dorénavant, nous allons les surveiller avec le plus grand soin.

Ce voyage nous permet une immersion dans les paysages grandioses et les déserts de l'Ouest avec l'escalade comme but principal. Nous vivons comme des nomades, à l'aventure, à la recherche de sites toujours extraordinaires par la qualité du rocher et de l'escalade, et également par l'environnement qui les entoure.

À El Dorado Canyon, lieu de prédilection et d'entraînement des grimpeurs américains, le rocher est principalement en grès rouge et gris, avec des plaques de lichen jaune vif. Les voies en dalles restent souvent exposées et dangereuses, les Américains utilisant encore très peu les spits. Les friends nous ouvrent des horizons nouveaux et une fois passée la peur qu'ils ne tiennent pas, ils deviennent une arme indispensable dans les fissures. Après des couennes d'entraînement, nous gravissons tous les quatre la voie *Nacked Edge*.

Petits arrêts lors de la traversée des Rocheuses à Cynical Pinnacle, superbe tour de granit qui surgit des forêts de conifères, et à Turkey Tail Rock, une barre de granit dont les fissures sont coupées de toits.

L'arrivée au Black Canyon of the Gunnison National Park est spectaculaire. C'est une faille de 800 mètres de profondeur, avec parfois moins de 300 mètres de large. Le rocher, composé de gneiss et de schistes, a une couleur assez sombre qui contribue à créer une atmosphère oppressante. Nous voulons faire la voie *Scenic Cruise* en quinze longueurs, qui est une des plus classiques. Nous descendons au pied du canyon alors que le temps est assez nuageux. J.-J. est encordé avec Yann, François et moi grimpons en réversible. J'apprécie tout particulièrement de faire cordée avec mon beau-frère qui partage depuis quelques années nos aventures insolites. C'est un très bon grimpeur qui agit avec calme et intelligence et un compagnon très agréable. Au moment du passage clé, une dalle en 6c avec un passage obligatoire, la pluie se met à tomber. J.-J. le négocie à toute vitesse, comme à son habitude. Heureusement, la pluie ne dure pas et nous nous régalons tous dans cette longue voie grandiose et sauvage qui se déroule sur du bon rocher dans une atmosphère de fin du monde… Yann, à douze ans, est toujours content et c'est un bonheur d'être là en famille.

Les fissures en grès d'Indian Creek à Canyonlands sont incroyables par leur couleur ocre, la pureté des lignes, l'impression qu'elles donnent d'être interminables. Se lancer dans l'ascension d'une seule longueur est souvent un véritable combat. Il n'y a aucun équipement en place, excepté le relais au sommet ; il faut avoir une confiance aveugle dans les friends, à condition bien sûr d'en avoir suffisamment et de la bonne dimension. Comme en plus les fissures ont souvent des bords parallèles avec une largeur égale du bas en haut, il faut pratiquement la même taille de friends sur trente ou quarante mètres, ce qui nous pose problème car nous n'en possédons pas suffisamment.

Aujourd'hui, c'est mon tour… je veux absolument gravir la plus belle fissure : *Super Crack*. Je pars avec les quelques friends – en quantité insuffisante – de notre stock. Dès le départ, la fissure est glissante et d'une largeur qui ne permet que difficilement (et douloureusement) de coincer les pieds et les mains. La lutte se déroule centimètre par centimètre. Après une quinzaine de mètres, n'ayant plus assez de friends pour sortir, je me laisse pendre et redescendre pour en récupérer un que j'ai placé plus bas, craignant à tout moment que celui sur lequel je suis assurée ne s'arrache sous mon poids. Cette fissure paraît sans fin et les secondes où je lâche une main pour mettre un friend font monter l'adrénaline… Finalement, je suis heureuse d'arriver en haut, en nage, consciente de ce qui me sépare de la technique des grimpeurs américains. Nous nous essayons tous, les uns après les autres, dans les fissures environnantes jusqu'à ce que le soleil arrive sur le rocher et nous en chasse. Nous sommes en plein désert, en été, ce qui nous laisse seulement quelques heures d'escalade le matin.

Nous continuons notre voyage en remontant vers le nord, le long des Rocheuses. En arrivant à Devil's Tower, qui surgit des grandes étendues monotones du Wyoming, nous sommes encore une fois émerveillés par la beauté du site : une tour en basalte d'une centaine de mètres s'élève au-dessus des champs qu'ont investis des familles entières de chiens de prairie. Elle est rayée de centaines de fissures rectilignes et verticales. La légende indienne locale raconte qu'un ours gigantesque a griffé avec sa patte énorme le bloc où des petites filles s'étaient réfugiées. Comme elles imploraient les esprits du rocher, ils soulevèrent le refuge dans les airs. L'ours eut beau lacérer la falaise de ses griffes, créant de profonds sillons verticaux, il ne put atteindre les fillettes qui se dispersèrent dans le ciel.

« Voilà les friends, range-les bien par tailles pour que tu puisses les prendre facilement. » Yann va se lancer en tête dans la voie *Soler*, un dièdre non équipé aux lignes très pures, de 150 mètres de haut en 6a. Je le vois démarrer tranquillement, sans jamais hésiter. Il se déplace sur le rocher d'une façon très naturelle. « N'oublie pas de mettre un petit friend de temps en temps… » Je préfère le rappeler un peu à l'ordre et cela l'amuse de trouver la bonne taille à placer dans la fissure, c'est un jeu auquel il se prête avec plaisir. Je le rejoins au premier relais où il m'assure avec attention et fierté. Il progresse toujours facilement dans la fissure suivante, coinçant les pieds et les mains. Nous nous retrouvons tous au sommet de la Devil's Tower, admirant les vastes étendues du Wyoming depuis ce belvédère unique.

Le lendemain, nous grimpons la célèbre voie *Matador*, en 6c, qui emprunte l'un des plus beaux dièdres et s'escalade en grand écart. Avec ses longues jambes, François est vraiment avantagé contrairement à moi qui passe juste et surtout à Yann qui, trop petit, doit grimper les fissures en dülfer.

Vers Cheyenne, au milieu de nulle part, nous assistons par hasard à une fête locale de rodéos, où des cow-boys luttent pour tenir en équilibre sur des chevaux non dressés ou sur des taureaux et où des hors-la-loi poursuivent des chariots de pionniers. Le spectacle se termine par un énorme concert de Johnny Cash, nous nous sentons au cœur de l'Amérique profonde et de la conquête de l'Ouest.

Ce voyage m'a permis de me familiariser avec l'utilisation des friends qui révolutionnent alors l'escalade en fissure. C'est vraiment une autre manière de grimper que je vais pouvoir expérimenter dans les Alpes au cours de mes futures ascensions en montagne. Sans le savoir, Yann a fait durant ce séjour un apprentissage de l'escalade en fissures et de la pose des friends qui lui ouvrira dans les années futures l'univers des grandes parois mythiques des USA.

De retour à Chamonix, entre les ascensions de plusieurs mont Blanc avec des clients, j'ai le projet de tourner un film destiné aux *Carnets de l'aventure* avec Gilles Sourice, le cinéaste-réalisateur. Nous convenons de réaliser ce film avec Yann dans une voie que j'ai déjà gravie avec J.-J. : la *Bonatti* au Grand Capucin. Ce dernier va se charger d'assurer le cameraman et le preneur de son avec l'aide de notre ami Bada. Yann est à l'aise dans les fissures après notre séjour américain et je le laisse grimper en tête dans des longueurs en 6b qu'il avale calmement comme à son habitude. Après avoir descendu tous les rappels, nous rejoignons très tard dans la nuit le refuge Torino. Le deuxième jour, Gilles, qui souhaite faire des plans depuis l'hélicoptère, me fait déposer avec Yann au milieu de la voie par le pilote. Il peut ainsi nous filmer à nouveau dans la partie supérieure de la voie que Yann gravit avec le même enthousiasme. Quelques plans sont tournés plus tard en montagne et à Briançon avec l'équipe des jeunes grimpeurs que j'entraîne habituellement.

Découverte du parapente

« Vas-y, quand tu veux… » Je suis au bord d'un couloir d'au moins 40 degrés, dans la station de Serre Chevalier, skis prêts à glisser droit dans la pente et mains sur les suspentes en attente de les tirer vers le haut… À peine le temps de m'élancer vers le bas avec un petit frisson que ma voile se gonfle, me décollant immédiatement de la pente raide. Je me balance au gré du vent au-dessus des pistes enneigées, la voile se dirige assez bien et l'atterrissage avec les skis sur la neige est un jeu d'enfant puisqu'il suffit de se laisser glisser, en freinant un peu sa vitesse par des poignées faciles à tirer.

J'ai l'occasion de participer à des démonstrations de parapente avec l'école de ski de Serre Chevalier, activité qui commence à se développer. Je ne peux qu'être conquise par la liberté qu'offre cette nouvelle discipline, qui permet de redescendre des sommets sans effort. Je suis tout de même impressionnée d'avoir à m'élancer droit dans la pente d'un couloir raide. La sortie d'un avion me paraît presque plus facile!

Je me procure très vite mon propre parapente et j'expérimente avec quelques passionnés des vols assez osés étant donné la méconnaissance totale que nous avons de l'aérologie en montagne. Je prends l'habitude d'emmener mon parapente lors des randonnées à skis que je fais avec J.-J. et Yann et, si les conditions le permettent, je redescends plutôt en volant qu'en skiant... Je retrouve certaines sensations que j'ai connues il y a longtemps quand je faisais du parachutisme avec en plus une liberté extraordinaire: plus besoin d'un avion pour se faire larguer, la seule contrainte est de porter le parapente.

Durant les quelques années où je pratique cette activité, je comprends vite qu'elle n'est pas sans danger et qu'il faudrait que j'y consacre davantage de temps pour mieux connaître l'aérologie et acquérir de l'expérience. Les possibilités qu'ouvre le parapente sont fantastiques, mais je ne suis pas prête à lui sacrifier du temps au détriment de celui consacré à l'escalade ou à l'alpinisme. Le niveau des risques encourus me paraît trop lourd ajouté à ceux que je prends déjà. Je me contente donc de vols tranquilles, essentiellement sur neige.

Expédition au K2, Pakistan,
deuxième sommet du monde (8611 mètres)

1987 – En arrivant au sommet du Broad Peak il y a trois ans, la magnifique pyramide du K2 semblait à portée de main, accessible. Je me suis dit alors que ce serait le but de notre prochaine expédition. Pour moi, c'était « la montagne des montagnes » car avec ses 8611 mètres, bien que deuxième sommet du monde après l'Everest, il avait été encore très peu gravi à cause de sa difficulté. J'avais déjà cette idée en tête quand nous sommes allés au Pakistan pour le stage de formation des guides locaux et j'avais alors demandé une autorisation. Elle nous est accordée pour l'été 1987. Pour la première fois, une femme guide de haute montagne est chef d'une expédition qui sera composée uniquement de guides de haute montagne, avec pour objectif ce qui est sans doute le 8000 le plus exigeant. Cette confiance accordée par mes collègues me fait mesurer le chemin parcouru depuis presque dix ans…

L'été 1986 amena une grosse concentration de très bons alpinistes internationaux sur le K2. Mais ce fut l'année de toutes les tragédies, avec plus de douze morts dont nos amis Liliane et Maurice Barrard, Alan Rouse et Renato Casarotto, sans compter ceux qui réussirent à s'échapper de justesse du dernier camp d'altitude vers 8 000 mètres, devenu un piège mortel. Bénéficiant d'une longue période de beau temps, ils furent nombreux à tenter le sommet, ce qui leur donna l'impression d'être soutenus. Un sentiment illusoire pour une ascension comme celle-là, où c'est un peu chacun pour soi, la difficulté ne permettant pas de prendre en charge une personne plus faible. Plusieurs alpinistes se retrouvèrent bloqués par le mauvais temps à presque 8 000 mètres et ils n'eurent plus la force de redescendre. Je ne souhaitais pas remettre en question notre expédition, mais je sentais que J.-J. était profondément affecté par ces drames.

Nous décidons donc de nous préparer avec beaucoup de sérieux afin de nous donner les plus grandes chances de réussite en misant sur notre rapidité et un séjour en altitude le plus court possible. Mon compagnon planifie notre entraînement hivernal en le basant sur un dénivelé en ski de montagne d'environ 7 000 mètres par semaine des mois de décembre à avril. En mai, nous sommes en pleine forme, prêts à partir.

Dans le même temps, je délaisse mes cours de ski de fond pour me consacrer à la préparation matérielle de l'expédition. Notre équipe de guides se compose de Titou Sagot, Francis Chaud, Alain Hantz et le médecin Bernard Hostein. Nous avons peu de sponsors, chacun assumant le coût de l'expédition. En dernière minute, nous obtenons un financement de l'Europe et je suis conviée à Bruxelles pour recevoir des mains de Jacques Delors, alors président de la Commission européenne, le drapeau bleu étoilé que j'espère planter au sommet du K2.

Juste avant notre départ, nous sommes contactés par madame Barrard qui nous presse de retrouver le corps de son fils pour le déposer aux côtés de sa femme enterrée près du camp de base après leur chute depuis la voie de l'éperon des Abruzzes. Nous n'avons pas l'esprit serein, craignant de faire des découvertes morbides le long de la voie. Même notre ami Pierre Beghin nous confie que cette année-là il n'aurait pas eu le moral d'y aller.

Je rejoins Islamabad avec une partie de l'équipe, pour m'occuper des formalités au Pakistan tandis que J.-J. profite encore de quelques jours avec Yann. Il va partir chez notre amie dans sa ferme du Vercors et pourra continuer à aller à l'école jusqu'aux vacances. Nous lui avons ensuite prévu un programme avec ses cousins car nous prévoyons d'être absents plus de deux mois. Comme pour tous nos départs en expédition, je n'imagine pas un instant que l'on pourrait ne pas revenir. C'est une notion du risque que je mets toujours entre parenthèses, peut-être parce que je ne veux pas m'y confronter.

Au Pakistan, je me retrouve face à l'administration de ce pays musulman où ma condition de femme devient un inconvénient parfois insurmontable. L'officier de liaison qui nous est affecté par le gouvernement pour faciliter, en principe, les formalités administratives et surtout surveiller nos agissements en montagne, ne veut pas m'adresser la parole. C'est donc notre toubib, Bernard, qui joue le rôle de chef d'expédition… Nous sommes tombés sur un militaire capricieux qui veut profiter de l'occasion pour obtenir des cadeaux de notre part. Il faut également dédouaner le matériel envoyé par fret aérien, ce qui s'avère être une opération compliquée ne se résolvant qu'à coups de bakchichs. Quand je pénètre dans l'immense hangar où sont entreposés tous les colis qui arrivent du monde entier, certains déjà ouverts ou largement éventrés pour servir des fonctionnaires peu scrupuleux, je me sens un peu découragée par la tâche qui nous attend. Enfin, au bout d'une semaine, grâce à l'aide de Bernard, ayant enfin récupéré le matériel et le reste de l'équipe avec J.-J., je quitte Islamabad exténuée par toutes les tracasseries que je viens de vivre et heureuse de pouvoir être enfin en montagne.

Tout s'arrange à Skardu où nous retrouvons notre fidèle ami pakistanais Ashraf Aman que nous avons engagé comme sirdar pour s'occuper du recrutement et de la direction de nos cent cinquante porteurs, ce qu'il fait de main de maître. Nous entamons la même marche de quinze jours pour atteindre le camp de base qu'il y a trois ans en direction du Broad Peak. La construction de la route jusqu'à Askole, le dernier village, n'avance guère et paraît problématique. Nous découvrons aussi des conditions très différentes de la dernière fois car nous y sommes bien plus tôt en saison : nous trouvons de la neige dès le début du glacier du Baltoro et les porteurs avancent avec peine, souvent pieds nus ou dans des sandales en caoutchouc. Nous finissons par atteindre Concordia, jonction des glaciers provenant à droite du Gasherbrum 2 et du Hidden Peak, à gauche du K2 et du Broad Peak. Les porteurs, peu vêtus malgré le mauvais temps et le froid, couchent dans la neige sous une bâche en plastique dans des trous du glacier…

Ce soir-là, en installant leur bivouac, quelques-uns découvrent le corps d'un de leur frère disparu l'été d'avant. Aussitôt, la panique s'installe, Ashraf nous informe qu'ils ne veulent plus continuer. Je suis très contrariée par cette décision car nous sommes encore à une journée de marche du camp de base et cette grève des porteurs risque de mettre en échec notre expédition.

Le lendemain, Ashraf m'annonce qu'il a réussi à garder une dizaine de porteurs motivés pour continuer à amener les charges jusqu'au camp de base, situé à plusieurs heures de marche, ce qu'ils font avec courage pendant dix jours en aller-retour. Bernard, le toubib, décidément providentiel, prévoit l'approvisionnement du camp de base en fonction de l'urgence des besoins, ce qui nous permet de commencer l'ascension sans délai, malgré plusieurs tempêtes de vent qui plient et malmènent les tentes prêtées par la FFME.

Dès le lendemain de notre arrivée, nous rejoignons le pied de l'éperon des Abruzzes et montons coucher au camp 1 à environ 6 000 mètres. Les jours suivants, nous commençons à gravir le pilier, escalade raide et très enneigée sans trace de cordes fixes. Le passage clé de l'itinéraire, les Cheminées House, est devenu une cascade de glace verticale de près de 40 mètres de hauteur. J.-J. nous fait un numéro de piolets-traction, avec panoplie de broches à glace, les cordes fixes n'étant pas atteignables sous la glace. À plus de 6 500 mètres, l'effort est exténuant, je m'en rends vite compte en me hissant péniblement au sommet du passage avec une grosse charge qui me fait souffler un maximum. Nous montons encore 200 mètres environ et installons notre deuxième camp sur de minuscules plates-formes autour de 7 000 mètres. Sur cette pente raide couverte de glace et de terre gelée balayée par le vent, nous nous efforçons de fixer au mieux notre tente, ce qui s'avère très délicat. Un peu plus loin, nous trouvons les restes d'une tente de paroi qui, heureusement, est vide... Nous redescendons au camp de base pour nous reposer avant l'assaut final ; nous sommes en forme et nous nous sentons acclimatés, le moral de l'équipe n'est pas entamé.

Avec Titou Sagot, je profite d'une journée assez calme pour un intermède sympa : grimper environ 1 000 mètres de dénivelé sur les flancs du K2 et tester nos parapentes aux couleurs du drapeau européen. L'air ne nous porte pas beaucoup, nous descendons très vite. Et l'atterrissage sur la glace dure au milieu des blocs de rochers et des séracs me paraît assez scabreux. De toute façon, je me vois mal monter mon parapente tout là-haut et redescendre sans risques en volant depuis le sommet.

Après deux jours au camp de base et une nouvelle tempête de vent encore plus sévère, nous retrouvons sur le glacier, 2 000 mètres plus bas, les duvets de deux de nos compagnons qui se trouvaient dans le camp à 7 000 mètres. Leur tente mal amarrée a dû franchir la frontière chinoise en se délestant en cours de route !

Malgré le temps exécrable, nous décidons de tenter l'assaut final. Sur toute la montée, aucun emplacement n'est à l'abri de cette tempête incessante, dont les rafales sont tellement violentes qu'elles nous déstabilisent. Nous rejoignons notre camp 2 et gravissons encore quelques centaines de mètres sur l'éperon en utilisant des cordes fixes restées en place. Je monte lentement à quelques mètres derrière J.-J. quand, tout à coup, il me crie : « Pierres ! » Le temps que je relève la tête, ma main qui tient un jumar explose heurtée de plein fouet par un gros caillou. Je lâche tout, la douleur est telle que je vacille et manque m'évanouir. Seul mon jumar, qui est encore sur la corde fixe et qui était heureusement en autoassurage sur mon baudrier, m'a retenue ; cette poignée, qu'on fait glisser vers le haut sur une corde amarrée et qui se bloque pour ne pas redescendre, m'a empêchée de faire le grand saut... Si je n'avais pas été prévenue par mon compagnon, c'est sur la tête que j'aurais reçu cette pierre : il m'a sauvé la vie !

Je lui montre ma main désarticulée et complètement brisée et il a un moment de panique en réalisant notre situation et notre isolement. Malgré son émotion, il essaye de faire bonne figure et se ressaisit immédiatement, ne voulant pas rajouter à ma douleur son appréhension quant à la suite des opérations. Il me réconforte, évalue au mieux l'étendue des dégâts, mais ne peut pas faire grand-chose car j'ai une plaie sur le dos de la main, avec des fractures, et la moufle en laine que je portais s'est écrasée dans la blessure. Il la recouvre d'une bande adhésive, m'immobilise le bras avec les moyens du bord, vide mon sac au maximum et m'annonce que nous allons redescendre immédiatement. Je suis bien sonnée et le laisse organiser la retraite, appréciant d'avoir encore l'usage de mes jambes. Toujours sous les violentes rafales de vent, nous entamons la descente, un grand rappel dans les Cheminées House puis, bien plus tard, le glacier et le camp de base.

Le toubib désinfecte au mieux la plaie sur ma main écrasée. Elle contient des morceaux de laine de ma moufle qu'il ne peut retirer. Il me pose aussi une attelle car il pense qu'il y a plusieurs fractures. Il est catégorique : il faut que je rentre en France au plus tôt si je veux sauver ma main de la gangrène. Je commence à réaliser notre éloignement de tout confort sanitaire. Je n'ose imaginer perdre une main alors qu'elles me sont toutes les deux si nécessaires pour grimper. Ashraf me propose d'essayer de trouver un hélico de l'armée pakistanaise qui réapprovisionne les bases militaires cachées dans la montagne et dont nous ne soupçonnions pas l'existence. L'armée surveille minutieusement la frontière avec le Cachemire car la guerre est latente. Une fois de plus, Ashraf, qui revient deux jours plus tard, confiant, nous est d'un précieux secours.

Après deux nouveaux jours d'attente au camp de base, nous voyons arriver une petite alouette de l'armée pakistanaise. Le pilote, formé en France, nous fait comprendre qu'avec nous l'hélicoptère est trop chargé pour décoller, mais si nous avons une bouteille de cognac à lui donner, il va voir si c'est possible ! Rien n'est gratuit au Pakistan. Heureusement que notre petite provision d'alcool, surtout prévue pour des cadeaux, n'est pas encore épuisée. Une fois le pilote comblé, comme par enchantement, l'hélico arrive à décoller et à survoler le glacier à deux mètres seulement au-dessus de la moraine.

Notre voyage n'est pas encore terminé… Le pilote nous informe qu'il va nous laisser quelques heures, le temps qu'il fasse les approvisionnements des camps militaires et probablement pour que ses supérieurs ne sachent pas qu'il transporte des étrangers. Nous voilà donc déposés au milieu de nulle part, sur des flancs de montagne entre bandes glaciaires et torrents tumultueux, dans l'attente du retour espéré de notre sauveur ! Heureusement, après quelques heures d'angoisse car nous n'avons ni vivres ni bagages, le pilote revient, il nous fait survoler au plus près les tours de Trango et atterrit dans la cour de l'hôtel à Skardu. Le reste du voyage se passe comme un miracle dans ce pays où tout est un problème. Un vol pour Islamabad nous est proposé dès le lendemain, alors qu'il n'y en a pas tous les jours – l'alternative étant un voyage de vingt-quatre heures sur une mauvaise piste le long des gorges de l'Indus –, et dans la foulée nous obtenons une place dans un avion pour Paris. Je suis opérée dès notre arrivée. Le chirurgien m'avoue que l'infection commençait à gagner et qu'un jour de plus aurait été fatal.

Nous espérions que nos compagnons pourraient continuer l'ascension, mais cet été-là la météo fut la plus mauvaise depuis des années et aucune ascension sur les 8000 pakistanais ne fut réussie. L'expédition japonaise qui nous suivait gravit quelques centaines de mètres de plus que nous et découvrit un corps encore pendu sur une corde fixe, celui de l'alpiniste polonaise descendue avec Kurt Diemberger l'année précédente.

Une fois rentrés en France, nous réfléchissons sérieusement à notre avenir. Nous sommes au top de notre forme et nous nous acclimatons relativement facilement à l'altitude. C'est pour nous un moment idéal pour continuer à nous investir dans les expéditions himalayennes. Personnellement, ces grandes aventures me tentent et la course aux 8000 est ouverte chez les femmes. Je sais que nous avons nos chances, mais cela signifie un choix de vie radicalement différent.

Ce que nous avons vécu jusque-là nous fait nous poser beaucoup de questions, notamment au sujet de l'impact des expéditions sur les populations locales, rurales et très pauvres, aussi bien sur un plan humain qu'économique. L'image que nous leur donnons des pays occidentaux développés nous paraît erronée, voire désastreuse. Nous avons souvent ressenti un peu de honte en comparant notre équipement à celui des porteurs. Nous réalisons que la grève qu'ils ont déclenchée à Concordia n'était pas seulement un moyen pour eux d'augmenter leur salaire, mais aussi de mettre l'accent sur leurs équipements insuffisants pour affronter ces conditions climatiques très difficiles. Ce sont généralement des agriculteurs issus de villages situés assez bas en altitude et, à l'inverse des Sherpas du Népal, ils n'ont pas du tout l'habitude de vivre dans des conditions de froid extrême ou de marcher plusieurs jours quasiment pieds nus dans la neige.

Nous entrevoyons aussi qu'avec le nombre des expéditions en constante augmentation et l'arrivée des agences et voyagistes qui ouvrent l'Himalaya à une clientèle commerciale peu expérimentée mais très aisée, c'est une toute nouvelle période qui ne correspond pas à notre idéal.

Nous étions encore loin de nous imaginer à cette époque les files ininterrompues d'ascensionnistes sur les 8000, les monceaux d'ordures dans les camps de base notamment celui de l'Everest, les tentes installées en altitude revendues à l'expédition suivante ou squattées par des alpinistes sans scrupule, les sommes ahurissantes à débourser pour prendre son ticket dans la course à l'Everest, l'oxygène apporté en haute altitude par les Sherpas permettant à des alpinistes relativement médiocres d'aller encore plus haut…

Par ailleurs le coût des expéditions étant très élevé, la recherche de sponsors devient indispensable et requiert beaucoup de temps, ce qui est difficilement compatible avec une vie professionnelle ou familiale. Cela nécessite aussi d'être toujours « au top » pour les médias, ce qui met une pression très importante sur les alpinistes et les pousse à aller quelquefois au-delà de ce qu'ils envisageaient. Nous l'avons vu chez un certain nombre de nos amis qui, ces dernières années, en ont perdu la vie. Notre devise étant toujours « pour vivre heureux, vivons cachés », nous souhaitons financer nous-mêmes nos aventures, sans faire appel aux sponsors, sans rien devoir à personne ni avoir une obligation de résultat.

Naissance de Jonathan (1988)

Tout en récupérant assez rapidement l'usage de ma main blessée, je commence à penser que je suis à un tournant de ma vie d'alpiniste et que c'est peut-être pour nous le moment d'avoir un autre enfant. Il sera bientôt trop tard et nous avons peur de le regretter.

Au printemps suivant, un petit bonhomme prénommé Jonathan vient au monde pendant un énorme orage, avec éclairs et tonnerre ! Son arrivée au milieu des éléments déchaînés est peut-être prémonitoire du bouleversement qu'il va apporter à ma vie et à son changement de direction. Je suis dans un état d'esprit très différent de l'époque où Yann est né, car dans ces années-là et pendant presque vingt ans, j'ai consacré à ma vie d'alpiniste beaucoup de temps et d'énergie. J'ai eu la chance de réussir la plupart des objectifs que je m'étais fixés et surtout, avec J.-J., nous sommes encore en vie malgré tous les risques et les dangers que nous avons encourus. Beaucoup de nos amis alpinistes sont morts en montagne et en expédition ; peut-être commençons-nous à réaliser qu'à force de se mettre dans des situations risquées, la chance ne sera pas toujours de notre côté. Nous nous sommes rendu compte de l'importance de construire une vie de famille. Je ne sais pas encore tout le bonheur que ce petit bonhomme va m'apporter dans les années futures, mais jamais je n'ai regretté ce choix. À trente-neuf ans, je peux orienter ma vie vers l'escalade sportive qui permet, en choisissant bien son terrain, d'avoir un couffin avec un bébé au pied des voies et de grimper tout en surveillant sa progéniture ! Ma pratique en « amateur » va pouvoir continuer.

L'escalade comme métier

Du côté professionnel, le métier de guide offre beaucoup de liberté : je peux m'organiser comme je veux, choisir les périodes où je veux travailler et les courses que je veux faire. L'enseignement de l'escalade et l'entraînement des enfants et des jeunes me passionnent ; j'y consacre aussi beaucoup de temps.

J'organise les sorties hebdomadaires du club de Briançon avec les plus jeunes, dès huit ans, et le week-end avec les plus grands. Les stages durant les vacances scolaires se font dans les Calanques, à Buoux, en Ardèche, dans le Verdon, même jusqu'à Fontainebleau. Ces journées passées avec tous ces gamins créent des liens très forts, aussi bien entre eux qu'avec tous les guides qui les encadrent. Ils se perpétueront durant des années et ces stages resteront souvent des souvenirs inoubliables pour eux.

Ce jour-là, je suis à Orpierre, en stage d'escalade avec les gamins de Briançon et plusieurs collègues guides. Nous avons investi toutes les longueurs d'un secteur, laissant nos jeunes grimpeurs les plus expérimentés s'échauffer dans des voies faciles et poser les paires de mousquetons pour les moins aguerris. Nous encourageons tous nos gamins à grimper en tête, c'est la meilleure manière pour eux de progresser. Il y a toujours une petite compétition qui s'instaure entre eux et j'en profite pour les motiver à tenter leur chance dans une voie. Qu'ils passent avec un repos ou même un point d'aide n'a aucune importance. Je valorise toujours leur ascension même si, quand je vois ces bouts de chou grimper en tête et passer avec peine leur corde dans les mousquetons avec leurs petits doigts, je frémis parfois à l'idée de les voir chuter.

D'un coup, une corde tombe à mes pieds alors que l'apprenti grimpeur est encore au relais : « Qu'est-ce que tu fais là-haut ? » Il a tout simplement oublié d'attacher sa corde avant de se décorder et de la passer dans le relais pour redescendre. Heureusement qu'il a placé son autoassurage ! Mais se retrouver pendu au relais, tout seul et sans corde, est un moment terrible pour lui. Il éclate en sanglots alors que tous les copains éclatent de rire !

***

« Allez, Marie ! » Combien de fois vais-je lancer ces encouragements à ma jeune élève qui montre une endurance exceptionnelle en restant de longues minutes immobile, pendue sur les prises... Je l'assure depuis le bas de la voie et je voudrais qu'elle surmonte un passage un peu dur pour elle. Elle grimpe en tête et le temps qu'elle passe dans une longueur me fait parfois perdre patience. Je la pousse, car je sais qu'elle aime l'escalade et qu'elle est capable de se surpasser pendant une compétition. Mais à l'entraînement, rien à faire, elle ne veut pas voler ! Marie Guillet sera quand même championne du monde d'escalade Junior en 1994...

***

Je fais la connaissance de Suzy Péguy, une alpiniste bien connue dans le Briançonnais, alors qu'elle est âgée d'environ soixante-cinq ans. Je suis très impressionnée par son énergie, sa volonté et son amour de l'escalade. Elle est toujours prête pour que je l'emmène grimper et elle me suit dans toutes les voies. Son secret, c'est sa motivation exceptionnelle et l'utilisation d'une paire de pédales qui lui permet de franchir des pas trop difficiles... On voit qu'elle a vécu la période de l'artif !

Elle a commencé l'escalade à quinze ans dans les Calanques avec pour compagnon Gaston Rébuffat. Mariée très jeune avec Charles-Pierre, le fils du célèbre poète Charles Péguy, elle a eu sept enfants. Sa véritable carrière d'alpiniste, elle l'a commencée une fois ses enfants devenus grands, vers quarante-cinq ans, ce qui est très rare pour l'époque. Elle a participé à des expéditions en Islande, au Kilimandjaro, au Spitzberg, au Népal, au Pérou et au Hoggar. Ses plus grandes courses, elle les a faites alternativement avec deux de ses fils, Jean-François et Vincent, guides de haute montagne : face nord du Piz Badile, face sud du Doigt de Dieu, voie *Fourastier* à l'Ailefroide… Mais aussi probablement la première ascension féminine du pilier Bonatti aux Drus avec Yannick Seigneur en 1971, une des voies les plus dures des Alpes à l'époque. Jamais pourtant elle n'en fera état et je suis très admirative de sa modestie. Nous nous entendons très bien toutes les deux, grimpant des journées entières au Pouit, à Freissinières, au Ponteil. Suzy a même ouvert la voie la plus célèbre du massif des Cerces en 1968, *La Voie de la Grand-Mère*, avec Michel Pichot, Jean-Claude Marmier et Peeters… Et celle des *Trois Générations* à Buffère avec une de ses filles et sa petite fille. Elle aura fait connaître l'escalade et le ski à plusieurs générations de ses nombreux petits-enfants et arrière-petits-enfants… En cette fin d'année 2020, elle vient de fêter ses cent ans. Son amour pour la montagne reste intact et elle continue à partager ses nombreux souvenirs. C'est une mémoire vivante de l'alpinisme en France qui pourrait être une source d'inspiration pour de nombreuses jeunes grimpeuses actuelles. En tout cas, elle m'a confortée dans l'idée de ne rien lâcher et de faire le maximum pour aller au bout de mes rêves…

***

L'été, nous emmenons les plus motivés du club faire de belles courses dans le massif des Écrins, à Chamonix ou dans les Dolomites. Certains ont déjà dans l'idée de préparer le diplôme de guide. Nous les formons dans le but qu'ils soient indépendants en montagne. Mon rôle de guide s'est concrétisé toutes ces dernières années en donnant les bases de l'autonomie aux jeunes que j'encadre : grimper en toute sécurité et bien maîtriser les manœuvres de corde. Je ne tiens pas à être celle qui va les tirer dans les passages durs. Je préfère choisir des objectifs à leur portée, afin qu'ils dominent bien la course. Ils en retireront une satisfaction beaucoup plus grande et auront l'envie de repartir pour une autre voie d'un niveau plus élevé. Suivre une progression logique dans la difficulté et dans l'engagement pour les courses en montagne est une notion que je trouve absolument essentielle.

Cet été-là, nous sommes au refuge du Promontoire dans le massif des Écrins. Je pars pour la face sud de la Meije le lendemain avec Jérôme Blanc-Gras, seize ans, l'un des meilleurs jeunes grimpeurs du club. Nous allons faire la voie classique, la *Pierre Allain,* et il est très enthousiaste pour cette aventure qui est sa première grande course. Nous préparons minutieusement le matériel, je fais très attention au poids des sacs à dos. La voie est longue, les difficultés sont à la fois rocheuses et glaciaires. Nous aurons besoin des crampons et j'emmène aussi quelques pitons et coinceurs. Comme l'itinéraire est assez compliqué, je profite des explications de mes collègues guides qui connaissent la voie. Le lendemain, à l'aube, nous sommes prêts à descendre le couloir du Crapaud par deux rappels qui nous déposent sur le glacier, au pied de la face. La journée s'annonce très belle, mais il fait froid au départ et dans la première longueur un peu mouillée les doigts sont gourds. Ensuite tout s'enchaîne bien, je m'efforce de trouver l'itinéraire le plus logique dans ces successions de dalles et de dièdres. Parfois, je trouve un relais ou un piton. À un moment, je vois beaucoup plus haut une sangle rouge qui semble m'indiquer le chemin. Une fois celle-ci atteinte, je me rends compte de mon erreur car la suite paraît beaucoup trop difficile. Je me suis laissée attirer par un anneau de rappel placé là par une cordée qui s'est trompée. Je redescends rapidement jusqu'à Jérôme et je poursuis ma traversée vers des zones moins raides. Dans ces grandes voies classiques peu équipées, la difficulté est souvent de trouver l'itinéraire. Et cette quête du passage le plus facile fait bien sûr partie de la formation et de l'expérience que je peux apporter à mon jeune compagnon qui a un très bon niveau en escalade. La suite est superbe et le rocher rouge excellent. Mon second de cordée, qui semble apprécier cette ascension, avance rapidement.

Nous rejoignons la grande cheminée que mes collègues m'ont indiquée depuis le bas. Je m'y glisse après un départ un peu physique et la remonte jusqu'à un bloc coincé. Comme elle se termine ensuite dans des surplombs verglacés, je m'échappe à gauche sur du rocher compact qui devient plus surplombant, mais avec de bonnes prises. Cette partie, plus soutenue et aérienne, nous met complètement dans l'ambiance de cette grande face.

Arrivés à la vire du glacier Carré, nous faisons une petite pause pour boire et nous ravitailler. Je demande à Jérôme s'il est prêt à continuer car d'ici on peut encore s'échapper vers la descente. Tout va bien, il tient la cadence et il est enchanté de la course. Je continue donc jusqu'à la vire à Bicyclette, puis je poursuis au mieux en ascendance vers la gauche, toujours un peu inquiète de savoir si je suis sur le bon cheminement. Je trouve le Râteau de Chèvre, cette fissure horizontale caractéristique… c'est bon ! Arrivés au sommet du Grand Pic de la Meije (3 989 mètres), nous nous sentons tous les deux très heureux :

« Bravo Jérôme, tu as été un compagnon parfait et tu as cavalé dans les longueurs. Tu es maintenant un vrai alpiniste ! »

Je descends la première pour trouver les rappels depuis le Grand Pic. La neige qui ramollit au glacier Carré m'oblige à prendre des précautions d'assurage : c'est le moment dangereux. Plus bas, en passant sur la vire inclinée au pied de la Muraille Castelnau, je repère un énorme bloc juste posé sur la dalle en pente et je frémis en l'imaginant glisser vers le bas. Pourvu que les cordées qui descendent au-dessus de nous fassent attention. Malheur, ce qui devait arriver… arriva ! Le bloc en équilibre, poussé par inadvertance par un jeune grimpeur, débaroule dans un fracas épouvantable… Je hurle de toutes mes forces, mais comment savoir où il va tomber sur cette zone moins raide où plusieurs cordées sont disséminées. Une poussée d'adrénaline m'envahit et je plonge vers le vide pour m'abriter au mieux derrière un rocher. La panique envahit tout le monde tandis que le bloc explose en mille morceaux tout autour de nous… Les jambes encore tremblantes, je constate qu'il n'y a pas de blessé, excepté quelques égratignures, ce qui est un vrai miracle après les quelques secondes terrifiantes que nous avons vécues… Ce moment d'intense frayeur restera sûrement pour tous les grimpeurs présents le souvenir marquant de cette journée. Avec Jérôme, cette voie sera le prélude à beaucoup d'autres grimpées ensemble, dont la plus belle sera *Blue Lagoon* dans les Wendenstöcke, en Suisse.

Durant l'un des stages d'été dans les Dolomites où nous enchaînons quelques belles classiques avec nos apprentis grimpeurs, j'apprécie de faire l'ascension de la *Hasse-Brandler* à la Cima Ovest di Lavaredo, en réversible avec le Gapençais Sylvain Millet, encore tout jeune mais déjà un grimpeur brillant et motivé.

Snow Bird et un voyage aux USA pour nos jeunes grimpeurs

Au cours de l'été 1989, J.-J. a l'idée d'emmener aux USA les meilleurs jeunes grimpeurs des Hautes-Alpes dans le but de les faire participer à la première coupe du monde américaine d'escalade à Snow Bird dans les montagnes près de Salt Lake City (Utah). Nous partons pour cinq semaines avec François Lombard « Babar », Yann Ghesquiers, Franck Quaine, Mathieu Guillet, notre fils Yann, et aussi Damien Charignon et Jean-Christophe Lafaille, tous deux malheureusement disparus depuis. Notre Jonathan, un an, est bien sûr du voyage et la compagne de Jean-Christophe, Marie, va jouer le rôle de nounou. C'est l'occasion de faire découvrir à tous ces gamins, qui pour la plupart n'ont jamais voyagé, les sites mythiques de l'Ouest américain à travers un *road trip* qui les marquera pour leur vie entière.

De San Francisco, nous rejoignons à bord de deux voitures de location City of Rocks, une forêt de gros blocs de grès éparpillés dans un paysage semi-désertique et complètement isolé. C'est le terrain que nous avons choisi pour les préparer à la compétition. Nous passons là une dizaine de jours, en camping sauvage, alternant toutes sortes d'escalades dans des blocs de vingt à soixante mètres. Chacun y trouve son bonheur, dans des voies en général bien équipées et variées, alliant fissures, dévers à grosses prises, gros trous, dalles à crispettes. Jonathan devient la mascotte du groupe.

À Snow Bird, à l'issue de l'open, trois jeunes sont qualifiés pour la coupe du monde : Franck, Babar et Yann Ghesquiers. Nous retrouvons là-bas les officiels de la FFME qui accompagnent la délégation française et profitent d'un voyage d'agrément. Ils sont stupéfaits de nous voir amener, sans aucune aide fédérale, des jeunes qui vont décrocher des places d'honneur : Babar, quatrième ; Yann Ghesquiers, neuvième. Les Français dominent encore la compétition puisque Didier Raboutou confirme sa place de leader en gagnant chez les hommes et Nanette Raybaud est première devant Lynn Hill.

Nous repartons vers le sud et les déserts de l'Utah pour un petit séjour à Canyonlands dans les fissures d'Indian Creek. C'est un peu un rite d'initiation pour la majorité de nos grimpeurs qui tiennent bien les très petites prises, mais doivent se faire violence pour gravir ces longues fissures lisses qu'il faut équiper de friends. Cette fois, Yann, du haut de ses quinze ans, peut gravir en tête *Super Crack* et je mesure les progrès qu'il a faits depuis notre dernière visite il y a trois ans.

Nous finissons le voyage dans le parc du Yosemite, à Tuolumne Meadows, sur les grands plateaux de la Sierra Nevada. Il fait trop chaud pour grimper dans la vallée et nous nous contentons de voies souvent très engagées, équipées sur des murs de granit très rugueux.

Nous terminons ce beau voyage fatigués par l'énergie d'ados un peu turbulents et difficiles à canaliser pour des tâches de vie collective. Notre budget très modeste aura sans doute contribué à faire comprendre à nos jeunes qu'on pouvait voyager à moindre coût. Quelques-uns en garderont un très bon souvenir et auront apprécié le cadeau que nous leur avons fait de vivre cette aventure.

Le ski-alpinisme

Ces dernières années ont vu la création de nouvelles épreuves sportives : des compétitions de ski-alpinisme. C'est une discipline qui combine de gros efforts : la montée se fait en peaux de phoque, avec parfois des parties raides en crampons et les descentes hors pistes nécessitent une bonne technique en ski. À la montée, les dénivelés de ces courses sont souvent énormes : 2 000 à 3 000 mètres en une seule journée. La Pierra Menta – 10 000 mètres en quatre jours – est l'épreuve reine de ces challenges et se court par équipe de deux. J'y participe durant trois années. J'ai un peu abandonné les grandes courses en ski de fond et je trouve là une nouvelle occasion de me dépasser et de m'entraîner… Ces épreuves vont permettre un renouveau du matériel de ski en visant la légèreté et la facilité d'utilisation. Ce sera donc également un énorme progrès pour le ski de randonnée classique, sorties à la journée ou raids à skis, car les clients bénéficient de ces nouveautés et prennent plus de plaisir aussi bien à la montée qu'a la descente.

Après avoir couru plusieurs fois le Grand Béal dans le Queyras, je participe aussi à son traçage et je m'investis dans une nouvelle épreuve prestigieuse, la Serre Che Glaciers. Cette compétition est exceptionnelle par son parcours glaciaire qui est très long avec un dénivelé en montée d'environ 2 500 mètres. Il comprend la traversée des dômes de Monêtier avec un passage à 3 470 mètres et l'ascension des Agneaux (3 634 mètres), avec une descente par le très raide couloir de Prés-les-Fonts. Pour le traçage, loin des remontées mécaniques, nous devons rester plusieurs jours en altitude et bivouaquer pour équiper certaines parties du parcours. C'est une vraie aventure à laquelle nous participons, J.-J. et moi, avec nos copains guides de Serre Chevalier.

***

Nous voilà partis, avec J.-J., pour une course de ski-alpinisme très originale, la Transmontblanc : départ devant l'église de Courmayeur et arrivée au centre de Chamonix, le tout en traversant le massif par le col de Toule et la descente du glacier du Géant et la Mer de Glace, soit plus de 2 800 mètres de montée ! C'est la première fois que nous partons ensemble pour une compétition par équipe de deux et j'espère que nous saurons adapter notre rythme de course l'un à l'autre car c'est très différent d'une ascension en montagne où l'on tire des longueurs et l'on grimpe chacun son tour.

La première partie, au départ de Courmayeur dans la vallée d'Aoste, est une course en baskets sur la route. Ce n'est pas très agréable, mais ensuite, pour monter par un bon sentier à la gare intermédiaire du téléphérique, nous prenons un bon rythme. Nous y retrouvons notre matériel de ski. Une fois le glacier atteint, nous sommes obligés de nous encorder. Nous avons préparé la veille notre corde en six millimètres sur laquelle nous avons scotché un élastique pour qu'elle ne traîne pas sous nos skis dans les conversions. Cela nous permet de doubler plusieurs équipes qui, elles, s'emmêlent. Nous finissons en portant les skis sur le sac par une montée d'escaliers qui nous amènent sur le versant français, au col de Toule, à 3 411 mètres.

Maintenant nous attaquons la descente comme des fous et traversons une zone crevassée sans nous assurer. Toujours encordés avec cet élastique entre nous, mais en skiant rapidement, je n'ose imaginer l'un d'entre nous tombant dans une crevasse… Cette descente est un peu surréaliste, surtout avec la vitesse sur la Mer de Glace recouverte de neige de printemps. Une fois arrivés au Montenvers, le reste de la course se passe en courant en baskets, avec tout le matériel de ski dans le sac, jusqu'au cœur de Chamonix. Nous avons eu des conditions exceptionnelles pour cette épreuve : un temps magnifique avec le panorama du massif du Mont-Blanc sans un nuage,

Voyage aux USA avec les jeunes haut-alpins en 1989. De gauche à droite, debout : Jean-Christophe Lafaille et sa compagne Marie, Frank Quaine, Yann Ghesquiers, François Lombard, Yann Rolland, Mathieu Guillet, Damien Charignon. Assis : Martine, Jonathan et Jean-Jacques.

Yann à City of Rocks (Idaho).

Jean-Christophe Lafaille et Damien Charignon jouant avec Jonathan au bord du Grand Lac Salé (Utah).

Premiers pas en tête pour Marie Guillet vers six ans. Elle sera championne du monde Junior en 1994.

Yann durant notre ascension du *Nose* en 1993.

Suzy Péguy au Pouit, toujours très motivée à soixante-dix ans (photo Péguy).

Jérôme Blanc-Gras dans une voie au col de Sella dans les Dolomites. Il deviendra un très bon alpiniste et un adepte du base-jump.

Ski-alpinisme, Martine et Jean-Jacques au sommet de l'Albaron (Haute Maurienne).

Traversée du massif du Taurus en ski de randonnée.

Le gîte de Tournoux en hiver avec sa terrasse ensoleillée et les grands surplombs en arrière-plan.

Jonathan, trois ans et demi, en route pour Tournoux.

Jonathan dans la face sud de l'aiguille du Midi.

Martine et Jonathan à Chamonix.

Yann en libre dans le Head Wall (8a+) lors de notre ascension de *Salathé* au Capitan en 1995.

Yann au départ de la longueur du Roof
dans la voie *Salathé*.

Au sommet du Capitan après notre ascension de *Salathé* (1995).

J.-J. dans le Head Wall avec plus de 800 mètres de vide sous les pieds.

Jonathan au sommet de la voie *Ancient Art*, dans les Fisher Towers (Utah).

Jonathan lors de son ascension de *Franco-Argentina* au Fitz Roy, en Patagonie, en 2014 (photo R. Borel).

Yann dans *Princesse Moulinette*, 8b+, à Tournoux.

L'imposant sommet du Tsaranoro à Madagascar (800 mètres de haut) et les deux voies que nous avons gravies : *Cucumber flying circus* (1) en 2009 et *Out of Africa* (2) en 2006.

Jonathan au départ d'une longueur de *Cucumber flying circus.*

Dans les premières longueurs de *Cucumber flying circus*.

Martine, Yann et Jonathan au sommet du Tsaranoro Kelly.

Martine, soixante ans, enchaîne la *Voie du Cœur*, 7c+, à Tournoux !

À Red River Gorge (Kentucky).

Martine dans *Jah Man* sur la Sister Superior dans la Castle Valley (Utah).

François, notre fidèle compagnon d'escalade et de voyage, dans *The Beauty*, à Wadi Rum (Jordanie).

J.-J. dans la voie *L'Axe du Mal* au Tadrarate (Maroc).

Martine dans le 7a de *Tout est une question d'angle*, à cap Canaille, entre Cassis et La Ciotat (2020).

Martine et Jean-Jacques au sommet de *Jah Man* (Utah).

Remise de la légion d'honneur en juin 2012 à Martine par Pierre Mazeaud, en présence de Michel Destot, alors maire de Grenoble.

une longue montée où nous avons tous les deux pu prendre un rythme soutenu et complice et une interminable descente, débridée et pleine d'émotions enivrantes en survolant les crevasses et en skiant de concert.

Ces premières courses de ski-alpinisme marquent le début d'un alpinisme des records de vitesse. Le matériel s'est beaucoup allégé et les nouveaux challenges sont maintenant de faire les horaires les plus courts possible. Mais le dilemme sera le choix entre rapidité, obtenue grâce à la légèreté du matériel et à un équipement minimum, et sécurité en cas de dégradation des conditions météo.

Le gîte de Tournoux à Puy-Saint-Vincent (Hautes-Alpes)
Depuis de nombreuses années, J.-J. rêve d'avoir un petit chalet en pleine montagne. Régulièrement il cherche « son coin » tout en courant les forêts et en repérant des falaises à équiper. Un beau jour, il m'annonce : « Viens voir, je crois que j'ai trouvé le paradis ! » En arrivant à Tournoux, à l'écart de la station de Puy-Saint-Vincent, je suis émerveillée et complètement sous le charme des lieux : à 1 800 mètres, des prairies en terrasse bordées de forêts de mélèzes font face au massif des Écrins. Le sommet du Pelvoux, majestueux, occupe le centre de l'horizon, laissant juste une place au glacier Blanc pour dérouler son croissant immaculé dominé par les sommets des Agneaux et des pics du Rif. L'environnement alentour est bucolique, mais le cadre est assurément la haute montagne. De l'autre côté de la prairie, des falaises de calcaire surplombantes dominent les mélèzes et un canyon peuplé de gros blocs de rocher offre aux marmottes un refuge idéal. Plein sud, l'imposante muraille de la Tête d'Aval de Montbrison fourmille de piliers rocheux

et de parois secondaires coupées de vires vertigineuses dans un rocher gris et rouge qui invite à l'escalade. Un chalet en ruine occupe le centre de la prairie. Il n'y a pas de doute, c'est là que nous voulons nous installer et il faudra toute l'énergie et la combativité de mon compagnon pour arriver à acheter la ruine et la reconstruire à son idée. C'est un projet rapidement adopté par toute la famille : Yann s'approprie toutes les falaises alentour en ouvrant des voies dans les grands dévers, et en créant avec son père plusieurs autres secteurs à proximité comme le Grand Bois, la grotte d'Oréac, Fessourier qui feront la renommée de Puy-Saint-Vincent chez les grimpeurs dans les prochaines années. De mon côté, la situation du chalet me laisse entrevoir une nouvelle activité pour l'hiver. Il est situé au bord des pistes de ski de fond de la station de Puy-Saint-Vincent qui mènent au col de la Pousterle. On peut également y arriver en ski hors-piste depuis les remontées mécaniques. J'ai l'idée d'en faire un petit refuge et un accueil en journée avec une restauration de style montagnard. Ces derniers hivers, j'ai continué à enseigner le ski de fond en école de ski et organisé quelques voyages pour mon compte personnel avec des clients, comme des traversées du Jura, des petits raids à peaux de phoque à travers le Queyras et même une traversée du lac Inari en Laponie finlandaise.

J'ai envie de me « poser » en montagne, d'être davantage avec Jonathan et je voudrais qu'il passe l'hiver dans la neige, avec le ski comme mode de vie. Il a fait ses premières descentes avant deux ans, manifestant une envie de skier exceptionnelle pour un si petit bonhomme. Tout le printemps suivant, il va encore réclamer d'aller skier sans comprendre que ce n'est plus la saison ! Il s'approprie mes courses en portant haut et fier mes dossards dans tout Briançon. Même ceux qu'il perd en route me sont rapportés ! Il a un esprit de compétition qui s'affirme déjà. Il est capable, à trois ans et demi, de venir en ski de fond au chalet – où l'on ne peut accéder en voiture l'hiver. Il faut bien sûr lui raconter des histoires sur le trajet… Il va ainsi vivre toute son enfance et son adolescence skis aux pieds, rejoignant le club pour dévaler les pistes, partant à skis pour l'école, creusant d'interminables galeries dans la neige, faisant toutes les acrobaties possibles autour du chalet, attentif à la vie animale qui règne même en hiver. Il y développe sa sensibilité envers les oiseaux et une curiosité de la nature insatiable. Moi aussi, je peux chausser les skis de fond ou de randonnée devant la porte et cela me permet de me dégourdir les jambes.

Nous prévoyons, dans les travaux de reconstruction du chalet, une petite salle de restaurant avec cuisine et une grande terrasse. Au fil des hivers, le gîte de Tournoux va prendre de l'ampleur et se faire une solide réputation. Je n'avais pas imaginé qu'il deviendrait le point de ralliement de tous les amoureux de calme et de nature hivernale qui arrivent en ski de fond, raquettes à neige, à pied ou en ski hors-piste. Je suis rapidement un peu débordée par mon succès et je dois me faire aider, en périodes d'affluence, par plusieurs copines ou des nièces qui profitent de l'aubaine pour faire du ski. Mais j'ai choisi de n'y travailler que l'hiver, afin de pouvoir, le reste de l'année, privilégier l'escalade en famille, les voyages et de temps en temps mon travail de guide.

En revanche, rien n'est facile : dès qu'il y a de la neige, on ne peut plus accéder en voiture au gîte, il faut faire des portages pour l'approvisionnement. Ce sera d'abord en ski de fond, en tirant des luges bien chargées accrochées au baudrier, puis, après quelques années, avec un scooter des neiges. En plus, c'est un versant nord, très froid l'hiver, avec peu de soleil : une demi-heure à Noël. Certains jours, la température peut être de - 30 °C et elle passe à - 28 °C durant les trente minutes ensoleillées, ce qui n'empêche pas notre petit paradis d'attirer des clients inconditionnels ! Les quantités de neige qui y tombent – jusqu'à seize mètres de cumul lors des premiers hivers – nous obligent aussi à faire un déneigement laborieux et parfois épuisant pour garder la terrasse accueillante.

Quand la nuit j'entends la tempête de neige qui se lève, le vent qui plaque d'énormes congères contre le chalet et que je découvre au matin un paysage immaculé où toute trace humaine a disparu, je me sens vraiment en montagne et dans mon élément et je sais que j'apprécie cette vie très proche de la nature.

Après toutes ces années où nous avons vécu des aventures intenses et souvent dangereuses, un nouvel horizon se déploie devant moi avec pour objectif davantage de partage avec ma petite famille qui grandit…

Escalade « plaisir » et transmission

Je continue donc ponctuellement mon activité de guide, quand je ne suis pas au gîte, avec des clients que j'ai fidélisés et que j'emmène en ski de randonnée, raids, courses en montagne ou en escalade et avec les jeunes des clubs en stages d'été.

Je me tourne aussi de plus en plus vers l'escalade rocheuse. Je ressens un véritable plaisir à faire corps avec le rocher, à sentir mes doigts épouser les prises, à pousser à l'extrême ma volonté de réussir des passages et des voies difficiles. C'est cette alchimie entre l'effort physique et l'émotion suscitée par l'enchaînement des mouvements qui me plaît et qui fait que l'escalade devient une véritable drogue. Plus on grimpe et plus on a envie de grimper car les sensations deviennent de plus en plus intenses, et la satisfaction d'avoir réussi une voie, de plus en plus gratifiante. Le bien-être ressenti après une journée d'escalade est total, même si les muscles sont douloureux et la fatigue réelle.

Je grimpe déjà depuis pas mal d'années, mais l'évolution de l'escalade a apporté un tel renouveau, aussi bien dans la légèreté du matériel, l'usage des chaussons d'escalade hyperprécis et adhérents, les plaquettes ou autres systèmes pour assurer tellement agréables et sûrs à utiliser, les dégaines de mousquetons très maniables, l'équipement par des spits en place, tous ces progrès techniques me donnent l'impression de découvrir un nouveau sport davantage axé sur le plaisir. Beaucoup de longues voies d'escalade sont maintenant équipées à demeure ainsi que les relais, ce qui permet de redescendre en rappel en cas de problème. Finis les marteaux et les pitons à transporter, ainsi que le dépitonnage fastidieux. C'est une autre époque qui s'ouvre pour moi et je veux en profiter au maximum en famille maintenant. Les mentalités ont changé chez les grimpeurs. Certains oublient parfois que l'escalade existait bien avant eux. Elle était différente et la difficulté moins élevée, mais le matériel était plus lourd et moins bien adapté, et l'engagement souvent beaucoup plus important.

En évoluant avec notre temps, nous continuons à transmettre à nos fils les valeurs qui nous ont portés durant toutes ces années, et eux, ils nous tirent en avant et nous permettent de garder un bon niveau et la motivation à vouloir toujours nous surpasser. Très tôt, Yann a montré qu'il était passionné par l'escalade « à vue ». Après l'avoir conduit dans ce milieu, nous sommes trop heureux qu'il veuille, à sa manière, nous « renvoyer l'ascenseur » et nous associer à ses ascensions…

Avec Yann au Yosemite

Septembre 1993 : Yann rêve d'aller faire le *Nose*, la grande voie mythique du Capitan au Yosemite. À dix-neuf ans, il est déterminé, bien entraîné et il a un très bon niveau. Il voudrait essayer d'en faire l'ascension en grimpant au maximum « en libre ». Il ne le sait pas mais Lynn Hill vient de la réussir, trois jours plus tôt. Elle est la grimpeuse que j'admire le plus et qui a marqué toutes les générations. Véritable athlète de haut niveau, elle a hissé le niveau de l'escalade féminine à l'égal de celui des hommes et cette première ascension du *Nose* en libre en est la preuve, puisque là, elle les a même devancés…

Après s'être affûté avec J.-J. dans les escalades en libre d'*Astroman* et du *Rostrum*, Yann est avec moi ce matin-là, bien avant l'aube, à l'attaque du *Nose*. Nous avons un sac de hissage qui comprend une dizaine de litres d'eau et un matériel de bivouac léger. Nous espérons en effet être très rapides dans l'ascension et n'avons pas pris de quoi boire en grande quantité. Maintenant plus de marteau ni de pitons comme c'était le cas lors de notre ascension de *Triple Directe* en 1978. Yann possède toute une panoplie de friends et coinceurs divers, très bien ordonnés sur son baudrier et son porte-matériel, comme jamais je ne l'ai vu ranger ses affaires à la maison! Arrivés aux premières vires, le jour commence juste à poindre et nous atteignons très vite le premier pendule. Là, le système de fissures que nous suivons depuis le bas s'interrompt et il faut aller en chercher d'autres en pendulant sur la paroi. Yann se laisse descendre à la corde, se balance et remonte une fissure plus loin à droite.

«Vas-y, à toi…!» Yann vient de tirer le sac de hissage et d'avaler ma corde d'assurage. C'est à mon tour maintenant de penduler et il va falloir que je saute dans le vide pour arriver à l'aplomb de la fissure. Le rocher est complètement lisse, je ne réfléchis pas et me laisse tomber, m'éraflant au passage. Je sais que je suis partie pour une ascension longue et extrême, qu'il ne faut pas que je perde de temps, ni que je sois un poids pour mon premier de cordée. Je suis à la fois heureuse d'être engagée avec mon fils dans cette entreprise et presque intimidée à la perspective de vivre avec lui cette aventure. J'espère que je vais être à la hauteur, le suivre rapidement et le seconder efficacement. Nous prenons ensuite notre rythme de croisière, il hisse le sac et je monte au plus vite. Nous atteignons Dolt Tower où des grimpeurs paressent encore dans leurs duvets…!

Pour éviter les grands pendules souvent encombrés par des cordées très lentes, Yann enchaîne des variantes sur le pilier, plus directes mais plus exposées. Tout en bas, je vois un petit bonhomme qui court dans la prairie, tandis que J.-J. surveille son fils aîné aux jumelles et doit se dire qu'il aimerait bien être à ma place…

À un moment où Yann doit tirer le sac, je vois que la corde de hissage s'est enfilée dans une fissure en contrebas et qu'elle s'est coincée. J'ai beau tirer de toutes mes forces, rien n'y fait. Je ne vois qu'une solution, couper la corde et nous contenter d'un morceau plus court. J'essaye alors de le faire en la frottant contre le rocher car je n'ai, bien sûr, ni couteau, ni marteau, ni pierre à ma disposition. C'est là que je m'aperçois qu'une corde est vraiment solide à l'abrasion car je n'arrive même pas à l'entamer. Alors, de plus en plus énervée et furieuse, je me mets à tirer de toutes mes forces sur la corde en m'écorchant les mains et, d'un seul coup, elle cède et je peux la ravaler… Ouf !

Nous arrivons sous le Grand Toit. Comme en 1978, je reste émerveillée par l'architecture rocheuse de cette partie du Capitan : ces arrondis grandioses et ces fissures ocre si pures… Je me rends compte que ma motivation pour ces grandes escalades rocheuses reste entière, qu'elle n'a pas faibli depuis toutes ces années et que je me sens encore vibrer comme au début devant ces spectaculaires beautés de la nature où le vide intégral et impressionnant fait partie du décor. Je suis fière d'être là aujourd'hui, avec lui, dans cette paroi mythique. Il a été tellement imprégné depuis l'enfance par nos récits d'aventures, par nos gestes techniques sur le rocher ou la glace, qu'il les sublime maintenant merveilleusement à sa façon. Il a une manière de se mouvoir sur le rocher et de faire corps avec les fissures qui lui est propre. Il les apprivoise et les rend abordables. Quand je les affronte, j'ai des difficultés à les surmonter alors qu'il me donne l'impression d'y grimper sans effort. Il est très avare de paroles et ne laisse pas transparaître son bonheur d'être là. C'est peut-être encore trop tôt ; il reste concentré, il attend probablement le sommet pour se sentir libre de laisser éclater ses sentiments.

Les fissures se succèdent et le jour décline. Je sens que Yann voudrait parvenir en haut ce soir, mais les journées sont un peu courtes. À l'arrivée de la nuit, nous apercevons les derniers gros surplombs, à deux longueurs sous le sommet. Il nous faut bivouaquer si nous ne voulons pas être rattrapés par l'obscurité. C'est donc assis dans les baudriers que nous nous assoupissons. La sortie sera toute proche demain. Nous sortons les duvets. Ils sont un peu mouillés par l'eau des bidons qui a coulé, mais nous les apprécions car le froid est vif. Une petite lampe nous fait des signaux en bas, dans la prairie, et nous lui répondons. Jonathan et son père continuent de suivre notre ascension depuis la vallée et c'est pour nous comme une bouffée d'encouragements et d'affection.

Le lendemain, quand je vois mon jeune compagnon de cordée avec les doigts gonflés, la peau des mains rabotée et les malléoles écorchées, je me demande comment il arrive encore à faire des coincements sans hurler de douleur...

Nous atteignons le plateau sommital dans la matinée et partageons le bonheur de cette merveilleuse aventure. Il a ainsi gravi la voie du *Nose*, 1 000 mètres de haut, avec un maximum de libre excepté les longueurs d'artif du Grand Toit et des Changing Corner, le tout en une quinzaine d'heures. Je suis très heureuse pour lui et je sais qu'il n'en parlera pas, gardant cette ascension comme une victoire pour lui-même.

Deux ans plus tard, Yann va nous faire encore un nouveau cadeau. Cette fois il veut nous entraîner, J.-J. et moi, dans l'ascension de la voie *Salathé*, toujours au Capitan, qu'il veut gravir en libre. À cette époque, la variante *Freerider*, qui sera grimpée plusieurs fois sans points d'aide ni repos, n'a pas encore été ouverte. Ce projet devient un challenge familial car nous n'avons encore jamais eu l'occasion de partir tous les trois pour une voie aussi longue et dont les difficultés vont *crescendo* sur plus de 1 000 mètres. Après le *Nose*, Yann a monté la barre plus haut ! Je suis si contente et excitée de faire partie de l'aventure ! En plus, une cordée de trois offre toujours plus de sécurité, sans compter le plaisir d'être ensemble. Je laisse J.-J. raconter cette expérience qui restera pour tous les trois un souvenir inoubliable :

« Arrivés au parc du Yosemite, nous découvrons qu'au Camp 4, réservé aux grimpeurs, aucune place n'est disponible. Nous errons sans succès jusqu'à la nuit en quête d'un emplacement dans un camping. Nous savons que nous ne pouvons rester dans le parc du Yosemite sans place réservée. La réglementation se durcit au fil des années devant le nombre toujours croissant de touristes, et les grimpeurs ne sont plus les bienvenus. Contraints et forcés, nous nous décidons à bivouaquer dans les bois au pied du pilier du *Nose*, ce qui est formellement interdit et entraîne inévitablement amende et expulsion du parc. Nous installons donc nos duvets dans les buissons et nous nous apercevons qu'une dizaine de grimpeurs de toutes nationalités ont eu la même idée. Au milieu de la nuit, branle-bas de combat, des rangers, probablement avertis, nous illuminent de leurs lampes torches et nous demandent nos papiers… Pendant qu'ils fouillent les buissons alentour et qu'ils sont occupés avec d'autres grimpeurs, nous ramassons nos affaires et déguerpissons à travers bois pour nous cacher et terminer la nuit bien plus haut, au pied des séquoias…

Le lendemain, quand même un peu éprouvés par notre nuit mouvementée, nous attaquons tous les trois la première partie de la voie *Salathé* : dix longueurs jusqu'à Mammoth Terraces. Yann les avale en libre, visiblement peu incommodé par nos errements nocturnes… Nous rejoignons les Heart Ledges et descendons ensuite en rappel, en fixant nos cordes pour pouvoir remonter au jumar le lendemain soir, cette fois avec matériel de bivouac et provision d'eau.

Après une nuit assez confortable sur les vires, les difficultés sérieuses commencent : d'abord une énorme cheminée, Hollow Flake, sans aucune protection possible sur quarante mètres. Cette longueur n'est pas d'une difficulté insurmontable, mais la fissure étant trop large pour y placer du matériel, elle doit être grimpée « en solo » et cette exposition en a fait reculer plus d'un… Je vois Yann progresser, avec sa corde qui se balance derrière lui sans lui offrir le moindre assurage. J'ai le cœur battant et un regard à ma compagne me montre qu'elle aussi a peur. Voir mon fils prendre un tel risque me donne des sueurs froides, mais j'ai une totale confiance en lui et tout se passe bien… Après cette mise en route plutôt effrayante, et un peu soulagés, nous nous laissons conduire par Yann dans des fissures qu'il enchaîne tranquillement, comme à son habitude. Arrivé juste en dessous d'El Cap Spire, la seule vire de la partie supérieure, il est furieux de devoir faire un point d'aide dans un 8a, n'ayant pas choisi la fissure la plus aisée. Nous rejoignons des Australiens, partis depuis deux jours, qui décident de bivouaquer sur cette magnifique vire bien plate.

La paroi se redresse alors fortement et se transforme en une immense dalle surplombante et vertigineuse. Le vide se creuse sous nos pieds et quand j'envoie le sac pour que Yann le hisse, il se balance sans toucher le rocher. L'ambiance devient vraiment sévère et j'espère que la délivrance sera vers le haut car je ne nous imagine pas redescendre. Nous atteignons une petite vire en pente, trois longueurs au-dessus d'El Cap Spire. Le bivouac n'est pas très agréable car nous ne sommes retenus que par la corde et nous nous sentons inexorablement glisser vers le vide. Heureusement que Martine a pensé à prévoir un bon petit pique-nique et des friandises pour redonner le moral à toute la famille ! Malgré notre position, ces instants de repos sont magiques. La nuit tombe et je réalise que je n'aurais pas pu rêver mieux que de grimper ainsi avec mon fils et ma femme et de partager avec eux toutes les émotions d'une telle ascension. Pour ne pas polluer le relais, nous faisons nos besoins dans des emballages de fromage que nous essayons de lancer loin de la paroi. Malheureusement, l'un d'entre eux plane comme une soucoupe volante et revient tel un boomerang, manquant d'atterrir, au milieu d'insultes et de rires, sur la tête des grimpeurs australiens qui bivouaquent au-dessous de nous… !

Le lendemain est *le* grand jour : les dernières difficultés de la partie finale, très déversée, nous attendent. Nous rejoignons la longueur du Roof sous le Head Wall. Il s'agit d'un énorme toit à franchir au-dessus de 700 mètres de vide. Yann la passe sans encombre mais au moment où il se mousquetonne au relais sur un rivet, celui-ci s'arrache et Yann se transforme aussitôt en araignée après un beau vol en plein gaz, pour se retrouver pendu juste à côté de nous… ! Après cette petite émotion, il remonte au relais cette fois sans incident.

Nous sommes au pied du Head Wall, un ensemble de fissures assez bouchées et déversées qui parcourent un magnifique mur rouge très compact. Elles sont cotées en 8a+ dans l'enchaînement de trois longueurs. Je vois Yann monter pratiquement sans faire de pose tant la difficulté est intense. Avec Martine, nous sommes suspendus à ses moindres gestes. Je l'encourage et frémis en même temps car il n'y a presque aucun équipement en place et il met très peu de protections. S'il s'arrêtait pour poser un coinceur ou un friend, il serait obligé de faire un repos et il veut pousser le challenge au maximum. Finalement, il grimpe l'ensemble en une seule longueur et quand, explosé, il arrive à quelques mètres de la sortie, juste avant le relais, il doit faire un point de repos. Ce sera le deuxième et le dernier de toute la voie qu'il aura gravie à vue !

Après quelques longueurs plus faciles, nous voilà tous les trois réunis au sommet du Capitan. C'est d'abord un énorme soulagement d'être là, fatigués mais si heureux, après ces heures palpitantes et intenses que nous a fait vivre Yann et qui ont soudé notre complicité. C'est une belle performance pour lui et pour nous un vrai bonheur d'avoir pu la vivre avec lui. »

Les années qui suivent vont encore voir au Yosemite une évolution spectaculaire des enchaînements en escalade libre et avec des horaires incroyables pendant que d'autres s'élanceront des sommets en base jump ou traverseront des abîmes vertigineux sur une sangle. Chaque génération y réinvente de nouveaux challenges et repousse toujours plus loin les limites. Les exploits sont maintenant filmés et diffusés sur les réseaux sociaux, ce qui n'existait pas de notre temps ; et quand je vois sur l'écran Alex Honnold (en 2017) grimper en solo intégral les 1 000 mètres du Capitan, sans aucun assurage ni matériel, et le tout en une poignée d'heures, avec une aisance qui frise l'inconscience ou l'insolence, je me demande quels seront les prochains défis au Yosemite, laboratoire de l'extrême…

***

Yann a toujours été collectionneur de cailloux et sa connaissance des roches va de pair avec son niveau en escalade. Tout naturellement, il s'oriente vers la géologie et veut passer le diplôme de guide pour avoir des projets d'études à réaliser dans des zones de montagne. Il a besoin que nous lui apportions notre expérience pour le préparer à l'examen et que nous l'aidions à faire sa liste de courses en l'accompagnant chacun notre tour ou ensemble dans de grandes voies et en jouant avec plaisir les seconds de cordée. Je suis un peu inquiète que mon fils suive le même chemin que moi, mais soulagée de le voir réussir son diplôme sans problème car je n'ai pas oublié que cette formation comporte des risques et que c'est un métier dangereux. Devenu enseignant-chercheur en géologie, cela ne sera pas son activité professionnelle principale.

L'accident de Jean-Jacques

La vie en montagne est souvent parsemée d'accidents et nous n'avons pas été épargnés. Le sort va s'acharner sur J.-J, alors qu'il avait évité pendant plus de trente ans les pierres et les blocs de glace. À quarante-huit ans, il prépare une compétition d'escalade sur site naturel à La Roche-de-Rame et essaie avec notre fils Yann une voie de finale en 8a qu'il vient d'ouvrir, lorsqu'il est victime d'un grave accident. Il nous raconte ce qui lui est arrivé, ce qu'il a vécu et les mois de souffrance qu'il a traversés :

« Ma corde, au-dessus de moi, frotte contre le rocher et décroche soudain le bord d'un surplomb. Je reçois une pierre sur la tête et le choc est d'une violence extrême. Elle m'ouvre le crâne et provoque une hémorragie cérébrale. Grâce au sang-froid de mon fils, je suis héliporté, dans le coma, de nuit, à

Grenoble. Après quelques journées à hôpital, je suis rapatrié à Briançon pour ma convalescence. C'est alors qu'apparaissent des symprômes très pénibles : j'ai des pertes d'équilibre, je deviens sourd d'une oreille avec un bruit de moteur à explosion dans la tête jour et nuit, je n'ai plus d'odorat et je suis pris de crises d'angoisse si profondes que pendant de très longs mois, je me sens mourir à certaines heures de la journée. À cette époque, aucun médecin ne sait ou n'a le courage de me dire ce qui m'arrive. Je sais que la douleur physique peut être insupportable, mais jamais je n'aurais imaginé que la détresse morale puisse atteindre de tels sommets ! Je ne peux plus regarder la télévision ni écouter un morceau de musique sans sentir les larmes me monter aux yeux. Je me sens sombrer dans un immense trou. Je tente désespérément de m'accrocher à quelques racines précaires pour pouvoir remonter, mais je retombe ensuite… J'ai appris, bien des années après, que j'avais subi un stress post-traumatique… mais il n'existait alors pas de prise en charge de ce type de pathologie.

À peine quelques mois après cet accident, et malgré les séquelles, je reprends l'escalade et les entraînements en cascade de glace avec les jeunes de la FFME, ne laissant rien paraître de la situation grâce à ma compagne qui me guide pas à pas, chaque jour et chaque nuit. Avec elle et aussi avec le soutien si affectueux de mes fils, et particulièrement de mon dernier petit garçon encore à la maison, Jonathan, âgé de huit ans, je peux remonter la pente petit à petit, je dirais même année après année, pratiquement sans que mon entourage professionnel ne se soit rendu compte de quoi que ce soit. Je ne voulais pas me faire évincer de mon travail de cadre technique sportif. Ainsi, celle que j'avais aidée à devenir guide et chef de cordée devint à son tour mon leader pour le meilleur et pour le pire. »

Quand Yann vient m'apprendre que J.-J. a eu un accident et qu'il vient d'être héliporté à Grenoble, je rentre d'une fête foraine avec Jonathan qui porte fièrement un poisson rouge dans un petit sac en plastique. Complètement bouleversée, je décide de partir immédiatement à Grenoble avec Jonathan.

« Et mon poisson, on ne peut pas le laisser tout seul… ! » Pour lui, le drame ne se situe pas au même niveau… on trouve rapidement une solution pour le poisson chez des voisins, et tandis que je roule vers Grenoble et que j'imagine mon compagnon inconscient et peut-être mourant dans l'hélico, je sens la peur m'oppresser de plus en plus. J'ai le temps de tout imaginer, y compris le pire. Je vois défiler les quelques fois où il a eu un choc à la tête, qui n'ont pas eu de conséquences irrémédiables. J'essaye de me persuader qu'il s'en est toujours sorti et qu'il ne faut pas que je me laisse envahir par la panique. Je dois rester forte pour ne pas inquiéter Jonathan. Mais ces kilomètres me paraissent interminables et ces heures sont les plus éprouvantes de ma vie.

Après avoir confié mon fils à sa grand-mère, je retrouve J.-J. à l'hôpital. Il est encore en état de choc, bardé de tout un tas d'appareils et la tête bandée. J'apprends qu'il a un traumatisme crânien sévère et que l'hémorragie cérébrale peut s'aggraver durant les prochaines heures. Il est sous très étroite surveillance et cela me rassure un peu. Là au moins, je suis près de lui et je sens que ma présence lui apporte un réconfort. Je le veille toute la nuit et je compte les heures qui passent sans aggravation de son état car je sais que ce sont des heures gagnées. Cette nuit aura été la plus longue de ma vie avant d'avoir enfin de bons espoirs qu'il s'en sorte.

Dans les semaines qui suivent, alors qu'il est considéré comme guéri, je vois bien que cela ne va pas. J'essaye de le persuader qu'il a eu de la chance que cet accident ne soit pas plus grave. Alors que je sais qu'il a beaucoup de volonté et que ce n'est pas dans sa nature de se laisser aller, j'ai du mal à comprendre ce qui se passe. Ces mois vont être très durs à vivre pour moi aussi car je me sens complètement impuissante. Je me trouve très seule pour gérer tout le quotidien et c'est la première fois dans notre vie commune qu'il n'est pas là pour m'épauler. Je sens pourtant qu'il a vraiment besoin que je sois présente, inébranlable et disponible, et que c'est grâce à cela qu'il va remonter la pente. Je laisse le temps jouer son rôle, ainsi que l'activité physique pour qu'il retrouve confiance en lui. Et c'est l'escalade qui sera justement le meilleur remède pour combattre ses pertes d'équilibre en obligeant son cerveau à s'adapter sans cesse et son corps à retrouver les mouvements d'aisance et de force pour grimper en toute sécurité.

Jonathan

Jonathan est un peu à rude école dès ses premières années car comme nous n'avons pas envie de le laisser, il nous accompagne presque partout. Par exemple, il a huit mois lorsque nous bivouaquons avec lui en plein désert. C'est Noël, les températures sont négatives et nous sommes à Joshua Tree, le site mythique des grimpeurs californiens, au milieu des blocs de rochers rabotés par le vent aux formes insolites et des forêts d'arbres de Joshua, étranges silhouettes garnies d'épines. Nous traversons aussi le massif du Sarho dans l'Atlas marocain en plein hiver ; à trois ans, il passe ses journées sur un cheval… Et nous l'entraînons partout dans le monde à la recherche de nouveaux terrains pour grimper.

Son enfance dans la neige l'a orienté vers le ski, mais à l'adolescence, il laisse de côté le club de ski et les slaloms car les entraînements sur neige artificielle sont trop traumatisants pour ses articulations. Il se lance dans les courses de ski-alpinisme qui comblent son gros besoin d'exercice physique et où son aisance incroyable en ski fait merveille. Il intègre l'équipe de France Jeunes au sein de laquelle il s'entraîne dans une ambiance amicale. Il y a alors un bon groupe très motivé avec quelques compétiteurs brillants dont Nicolas Bonnet qui deviendra champion du monde en 2006 à Cuneo (Italie).

À la fin d'un été passé dans notre chalet de Tournoux, je suis avec Jonathan en train de faire un essai dans la *Voie du Cœur*, au secteur Loups hurlants, dans les grands dévers. Cette longue voie de 40 mètres en 7c+, qui occupe le centre de la paroi, est très spectaculaire car elle s'élève dans une zone très surplombante au départ d'une vire en balcon face au Pelvoux et elle comporte plusieurs styles d'escalade qui font de l'ensemble un challenge exceptionnel. D'abord une zone de rocher jaune assez facile m'amène au pied d'un mur gris déversé où se succèdent plusieurs pas de bloc intenses. Ensuite le dièdre complètement surplombant qui suit me donne l'impression de grimper en 3D et je dois m'employer en dülfer et grand écart. Enfin le combat s'achève dans des écailles renversées avec de grosses prises à saisir, mais à bout de bras et en y arrivant, je ne suis jamais sûre d'avoir encore assez de forces… ! Je n'ai jamais « travaillé » une voie comme celle-ci, c'est-à-dire que je n'ai pas pour habitude de répéter les passages jusqu'à en connaître par cœur les mouvements et pouvoir la grimper presque les yeux fermés. En plus, il faut avoir beaucoup de continuité pour tout enchaîner.

À force de la côtoyer tout l'été, enchaîner cette voie est devenu pour Jonathan et moi un objectif commun. Et ce même jour, l'un après l'autre, nous réalisons notre challenge.

À près de soixante ans, je viens de gravir la voie la plus dure de ma vie ! Mais le fait de l'avoir réussie en même temps que lui est encore plus important pour moi que d'y être parvenue moi-même. Ces combats partagés me ramènent au temps où c'était en compagnie de Yann, très jeune, qu'il fallait que je me bagarre pour tenter d'enchaîner la même voie que lui. Mais, à ces petits jeux, je n'étais jamais la première au nombre minimum d'essais… ! Finalement, les situations se répètent, mais mes fils sont très différents l'un de l'autre. Et même si nous leur avons transmis le même capital, ils ne vivront pas leur vie de la même manière et tant mieux pour nous.

Jonathan a une très grande curiosité et il nous ouvre à beaucoup de domaines que nous ne connaissons pas. Je comprends alors que les enfants nous permettent des échanges et beaucoup de découvertes passionnantes. Il nous entraîne dans son monde de guitare et de musique, dans l'observation des animaux dans la nature, nous offre des dessins magnifiques, nous fait jouer au tennis ou descendre des rivières en kayak… Nous lui transmettons notre amour de « la Montagne » et de l'escalade et lui donnons les bases pour qu'il les pratique avec le maximum de sécurité. Lui nous raconte ses affûts pour voir les coqs de bruyère faire leurs parades ou ses bivouacs en plein hiver dans des forêts enneigées pour essayer d'apercevoir des lynx. Partir en balade avec lui est la garantie de voir dans la nature toute une vie intéressante cachée au commun des mortels. Il développe très tôt un goût pour les voyages, un esprit d'aventure et part seul, durant ses vacances scolaires, pour soigner les singes à Bornéo ou faire des comptages d'animaux au Zimbabwe dans le parc national de Hwange…

***

« Pour fêter mes vingt ans, je voudrais sauter en parachute, au moins un saut, pour voir… ! » C'est Jonathan qui m'annonce cela un jour, et il réussit à faire encore vibrer en moi une envie d'émotions que je croyais à jamais disparues. À près de soixante ans, je décide de l'accompagner, et de faire, moi aussi, un saut en « commandé ». Nous participons ensemble au briefing à l'aérodrome de Tallard, près de Gap. Pendant que l'avion nous transporte vers les cieux, je me demande encore quelle idée j'ai eu d'y aller avec lui… Jonathan s'élance dans les airs sans se poser de question. Je retrouve en lui la fougue et l'inconscience de ma jeunesse. Il est enchanté de son saut, par contre, moi, je ressens une grande violence dans l'expérience, un bruit insoutenable au moment de sortir de l'avion, une perte de repères aussi dans la chute, une certaine fébrilité à trouver la poignée qui va me délivrer… ! Visiblement, j'ai tourné la page…, mais je suis contente d'avoir été la complice de mon fils pour ce moment intense, comme un écho du passé…

***

Le jour où nous nous retrouvons tous les trois au sommet du mont Blanc, je suis heureuse de voir qu'il partage avec nous notre passion. Mais il va la vivre différemment, avec moins d'exclusivité et peut-être en voulant y associer d'autres compagnons. Je vois qu'il est attiré par les grands sommets et que la pratique de l'alpinisme convient à son tempérament. Il va ainsi faire son expérience de l'altitude sur les volcans de Bolivie et en Alaska, où il retourne sur nos pas en gravissant le Denali, plus de trente ans après nous.

Juste après avoir soutenu sa thèse en biologie et alors qu'il a peu d'entraînement, il réalise avec un copain l'ascension du Fitz Roy en Argentine par la voie *Franco-Argentina* que nous aurions tellement rêvé de faire. C'est leur moral qui nous stupéfie le plus, alors qu'ils n'ont disposé que d'une très courte fenêtre météo favorable pour cette longue ascension rocheuse très engagée.

« On est au sommet du Fitz Roy... ! » Réveillés à 3 heures du matin par un appel de téléphone satellite, quelle épreuve pour nous, parents, qui attendrons dans l'angoisse un nouveau coup de fil confirmant l'arrivée sains et saufs de nos deux grimpeurs survoltés en bas de la voie ! Durant les expéditions que nous avons vécues, nos parents n'avaient jamais de nouvelles avant que nous ne rejoignions une grande ville. Autre époque, autres moyens de communication... mais pas forcément plus rassurants !

Finalement, c'est vers la recherche qu'il va se diriger et, en intégrant le CNRS, il réalise l'objectif qu'il s'était fixé depuis longtemps.

Équipement de voies d'escalade

Depuis qu'il a commencé à grimper, J.-J. a toujours été passionné par l'ouverture de nouvelles voies d'escalade. Déjà très jeune grimpeur, il cherchait sur toutes les falaises du Vercors ou de la Chartreuse, des portions encore vierges de pitons. Puis après quelques « premières » en Oisans, il m'a entraînée dans toutes les nouvelles falaises que nous découvrions dans les Hautes-Alpes. Le Pouit, avec la première voie *Les Dalles à Kaki*, puis le Ponteil avec *Le Nid d'aigle*, *L'Araignée*, *Le Surplomb jaune*, *La Martine* et tant d'autres sur les parois du Haut Val Durance qui n'avaient pas encore vu passer de grimpeur. Je ne souhaitais pas spécialement ouvrir moi-même les longueurs, mais j'étais à ses côtés pour l'assurer, porter du matériel, l'encourager et le soutenir.

Au fil des ans, l'équipement des voies a beaucoup évolué avec l'apparition des perceuses et des spits et la possibilité parfois aussi d'ouvrir les longueurs en descendant, ce qui permet de placer les points d'assurage exactement où l'on veut. C'est devenu un réel challenge où l'ouvreur peut exprimer sa créativité et sa vision de l'escalade rocheuse. Il réalise une véritable œuvre d'art en imaginant la gestuelle des mouvements, et l'emplacement où il va placer les protections fera le succès de sa création.

Durant toutes les années où il a été cadre technique pour la FFME, J.-J. a ouvert de nouveaux secteurs et dynamisé beaucoup d'ouvertures avec l'aide d'autres grimpeurs qui se sont impliqués aussi dans l'équipement. Toujours enthousiaste et visionnaire, il continue à rechercher des falaises qui pourront offrir de nouvelles longueurs et il participe encore à leur équipement. Il peut ainsi laisser sa marque de fabrique.

J.-J. a élaboré le premier topo d'escalade *Escalades calcaires dans le Haut Val Durance* en 1978. Au fil des rééditions et devant l'importance qu'il acquiert, je m'investis complètement dans la préparation du topo qui devient *Briançon Climbs*, ouvrage très détaillé qui recense toutes les voies et présente des photos où les longueurs sont tracées par secteurs. Je coordonne tous les renseignements qui nous sont fournis par nos amis grimpeurs, entre autres Jean-Charles Perrier et Fred Roulx, ouvreurs prolifiques et infatigables. Je mets en ordre toutes les informations pour l'imprimeur avec l'aide de Nicolas Bonnet. C'est un ouvrage familial où chacun apporte sa pierre. C'est aussi notre manière de transmettre une partie de ce qu'a été notre vie dans les Hautes-Alpes. Et notre plus grande satisfaction est de voir comme les grimpeurs, venus de partout, apprécient le travail qui a été fait et se font plaisir à grimper dans la région.

Voyages autour du monde

Nous aimons toujours autant l'escalade rocheuse et nous continuons, avec ou sans nos enfants, à explorer de nouvelles falaises dans le monde entier : Australie, Afrique du Sud, Madagascar, Maroc, Jordanie, Grèce, Turquie, Espagne, Mexique, USA, Canada... et à garder un niveau en escalade qui nous permet de nous faire plaisir. Notre complicité s'est renforcée tout au long de ces années et notre désir de vivre ensemble des échappées insolites reste entier. C'est aussi pour nous une manière de connaître d'autres pays, de faire des rencontres, de garder la motivation et de combler notre besoin d'aventures. C'est une multitude de souvenirs que nous faisons également partager à notre retour à nos proches.

Je me souviens d'une petite Mexicaine, accompagnée de son âne, qui nous conduit à travers les collines couvertes de bosquets et de champs jusqu'à la grotte d'El Chonta dans une partie sauvage du Mexique. Alors que le sol s'affaisse vers d'obscures profondeurs, une immense voûte se déploie sur 200 mètres de haut. La paroi est hérissée de stalactites de toutes formes et certaines ont une extrémité horizontale qui me fait penser aux gargouilles grimaçantes d'une énorme cathédrale. Grimper dans ce monde déversé et sombre est une expérience unique. C'est une escalade déroutante et athlétique qui exige de se faufiler entre les stalactites. L'ambiance est crépusculaire et complètement surréaliste, et ce qui nous manque c'est un peu de compagnie car nous nous sentons vraiment très seuls !

***

D'autres souvenirs se superposent comme ces tours de grès rouge qui se dressent dans le désert autour de Moab dans l'Utah (USA). C'est un paysage de western et nous imaginons des Indiens surgissant au détour de chaque canyon. Comme ces pitons rocheux s'élevent sur un monticule de terre, ils donnent une impression de hauteur mais surtout de fragilité. Chaque tour a son propre style et les voies qui les parcourent ne manquent pas de caractère : généralement des fissures ou des cheminées comme à Castleton Tower ou à *Jah Man* sur la Sister Superior. Même si ces voies sont assez courtes, leur ascension est un pur moment de bonheur vu le cadre qui les entoure. Celle dont la stabilité me paraît la plus improbable est *Ancient Art* aux Fisher Towers : de loin, on distingue des draperies de grès et de terre rouge surmontées d'une tourelle biscornue qui semble juste posée en équilibre sur ce château de sable pétrifié. Son escalade reste pour moi une des plus insolites et des plus excentriques que j'aie vécues.

***

Autre souvenir encore, d'aussi loin que se dévoile l'horizon, des forteresses de grès ocre aux sommets arrondis s'étalent sur un désert de sable blond. Nous sommes en haut du Djebel Rum (1 754 mètres) en Jordanie, avec Jonathan et François. Après un cheminement long et compliqué, moitié marchant moitié grimpant à travers de profonds canyons, surmontant des murs couverts de trous sculptés, nous faufilant au mieux dans cet univers grandiose, nous foulons d'immenses dômes immaculés. Le panorama est à couper le souffle. Toutes les escalades que nous faisons autour de Wadi Rum, surtout en fissures, nous enchantent. Les grandes classiques : *Merlin*, *The Beauty*, *Inferno*, *Lion Heart* sont des moments magiques grâce à l'environnement du désert et à la beauté du rocher, très adhérent, avec beaucoup de petites prises…

***

Quelle est cette petite île au large des côtes malgaches qui semble perdue au milieu de l'océan avec des plages de sable fin et des falaises au rocher rugueux façonné par le vent, le sel, la mer : est-elle le paradis des grimpeurs ? En tout cas, cela y ressemble et, pour une fois, nous apprécions le « repos du guerrier » après un séjour dans les montagnes de Madagascar. Une frêle embarcation nous amène à Nosy Andantsara, au large de Diego Suarez, dans le canal du Mozambique. Le vent est violent et menace par moments de nous faire chavirer, les marins qui nous accompagnent discutent entre eux et se moquent de notre effroi, mais en découvrant le paradis promis, nous ne regrettons pas notre voyage : plusieurs îles qui abritent des lapiaz géants, les *tsingy*, ont reçu la griffe de Michel Piola. C'est un merveilleux cadeau qu'il a fait aux grimpeurs avec ces longueurs bien équipées dans un beau rocher très sculpté. Après l'escalade, des petites plages nous accueillent pour une exploration sous-marine au milieu des poissons et des coraux. Le petit camp et la cuisine, installés dans un canyon ombragé distillant des effluves appétissants, nous laissent entrevoir un festin de poisson grillé pêché sur place…

***

Nos pérégrinations nous conduisent aussi dans un long canyon très encaissé qui se dévoile après une grande balade sur des sentiers berbères vertigineux. Nous sommes au pied du Tadrarate près de Taghia, au cœur de l'Atlas marocain. Devant nous s'élève une haute paroi de 500 mètres qui semble complètement lisse et qui se redresse après le premier tiers. Elle abrite une voie extraordinaire : *L'Axe du mal*. Le bivouac dans une grotte, où nous pouvons nous réchauffer grâce à un bon feu de bois, est un moment hors du temps dans un isolement total. Au matin, nous remontons les grandes dalles grises et je suis stupéfaite de la beauté du rocher où se mêlent trous et gouttes d'eau. J'ai l'impression de faire une chorégraphie en cherchant constamment la bonne gestuelle pour atteindre les prises. Puis la paroi se redresse et les passages plus surplombants deviennent plus sévères et engagés. Nous terminons l'ascension dans une atmosphère apocalyptique : une tempête de sable se prépare et le ciel devenu jaune sombre semble annoncer un cataclysme.

***

Nous rêvons d'un projet commun à réaliser tous les quatre, avec nos deux fils : ce sera de grimper en août 2009 une grande voie dans le massif du Tsaranoro à Madagascar.

D'imposantes faces granitiques surgissent des plateaux semi-désertiques dans le sud de Madagascar. Les plus hautes font 800 mètres de haut, avec très peu de fissures, mais des dalles imposantes et spectaculaires. Avec J.-J., nous sommes venus là il y a trois ans et avons gravi la voie de Michel Piola, *Out of Africa*, véritable petit bijou aussi bien dans le choix de l'itinéraire que dans la structure du rocher et dans l'ingéniosité de l'équipement. Nous avions envie d'y revenir et cette fois nous voulons y associer nos deux fils, car ce sera peut-être pour nous la seule occasion de gravir un *big wall* avec eux.

Nous nous imprégnons d'abord de l'ambiance du lieu car elle fait partie intégrante de l'ascension. Nous sommes dans une région isolée de Madagascar où la terre rouge recouvre tous les plateaux jusqu'à l'horizon. Au bout de la piste, un petit village aux maisons en terre et toits de chaume se cache dans les replis du terrain au pied de l'immense muraille. Il grouille d'enfants curieux et joyeux et de femmes actives et souriantes. Partout des familles de lémuriens catta à la queue striée d'anneaux blancs et noirs se poursuivent dans les bosquets. Un petit gîte sympathique nous accueille tout près du pied des parois pour nous permettre de préparer notre ascension. C'est un environnement très agréable, mais qui ne nous fait quand même pas oublier que nous sommes loin de tout, dans un pays en voie de développement et à l'écart des routes principales.

Nous avons choisi la voie *Cucumber flying circus* qui se déroule au milieu de la face et franchit un bouclier de dalles surplombantes. La voie est réputée pour sa difficulté (jusqu'à 7c) et son engagement.

Nous sommes au pied de la face avant l'aube. Yann entame les grandes dalles à la frontale, suivi par Jonathan. Avec J.-J., nous allons profiter de cette escalade en savourant chaque moment. Après les premières longueurs dans les dalles relativement faciles mais peu équipées, la paroi se redresse et les difficultés commencent. Nous sommes tous les deux bien entraînés, l'escalade est superbe et soutenue, sur un rocher adhérent aux petites prises, et nous savons que rien ne peut nous arriver avec nos deux gaillards devant nous. Nous les laissons nous conduire dans cet environnement que nous aimons et qui constitue encore une grande partie de notre vie. L'arrivée au sommet, après cette course magnifique, représente pour nous deux un aboutissement.

Je réalise que maintenant ce sont nos fils qui nous montrent le chemin et qui nous ont permis de nous engager dans cette ascension. De nombreuses années auront été nécessaires pour arriver à ces moments uniques. Nous leur avons transmis à chacun une part de nous-mêmes. Ils feront leur vie, très différente de celle qui a été la nôtre, mais j'espère qu'elle restera marquée par tout ce que nous avons cherché à leur donner en vivant au cœur des montagnes. Pouvoir encore, de temps en temps, partager avec eux des moments d'escalade, de ski, un voyage… sera toujours une grande joie pour nous. D'autant plus que des petits-enfants vont eux aussi demander leur part de ski, d'escalade, de découverte de la nature et de la montagne.

Mon témoignage

Pourquoi avoir voulu faire le récit de mon parcours en montagne au cours de ces cinquante années de ma vie ? C'est un témoignage de tout ce que j'ai vécu à travers l'évolution du monde de « la Montagne » durant cette période. Cet univers que mon mari m'a fait découvrir est devenu pour nous une passion commune qui a guidé tous nos choix. En voulant assouvir notre besoin de grimper au maximum et à un haut niveau, nous avons vécu en couple un nombre incroyable d'aventures et de courses qui étaient pour certaines exceptionnelles à l'époque. Je mesure maintenant toute l'énergie qui animait mon compagnon et toute la motivation que j'avais à le suivre partout, puis à vouloir tout partager.

Devenir guide de haute montagne a été un moment important dans ma vie car je voulais d'abord prouver que j'étais une bonne alpiniste et que je serais capable d'en faire mon métier. Même si ce n'était pas un combat féministe au départ pour moi, je me suis vite rendu compte que c'était sur ce terrain-là qu'il fallait que je me batte et que je fasse mes preuves. Ma réussite est intervenue au moment où la libération de la femme dans la société battait en brèche tout un monde paternaliste et misogyne qui dévalorisait les femmes et les réduisait souvent à un rôle de mère. Le fait de pouvoir ensuite exercer ce métier, en étant acceptée dans le Briançonnais par le milieu professionnel, m'a permis de m'épanouir et de vivre des expériences variées et enrichissantes dans ce milieu montagnard que j'aime et qui est le mien.

Dans le même temps, une évolution spectaculaire des pratiques de l'alpinisme voyait le jour. Nous avons suivi tous les progrès du matériel qui ont permis plus de sécurité, de rapidité, de plaisir. L'escalade s'est peu à peu détachée de l'alpinisme pour devenir un but en soi et « l'escalade libre » a permis une élévation du niveau technique des grimpeurs. C'est maintenant un sport à part entière. Une nouvelle discipline s'est développée sur des murs où les grimpeurs sont devenus des gymnastes et des acrobates, et n'ont plus grand-chose à voir avec le milieu montagnard. Mais l'escalade en falaise, dans la nature, reste pour moi un besoin vital et une manière de vivre.

J'ai également vécu une mutation importante du métier de guide, qui s'est diversifié, n'offrant plus seulement l'escalade et l'alpinisme, mais aussi le ski de montagne, la cascade de glace, la descente de canyons, la randonnée en raquettes à neige, la via ferrata, le canyoning, les trekkings dans des massifs lointains, les expéditions. Cela m'a donné une grande liberté de choix dans les activités que je voulais encadrer selon les périodes de ma vie. Les femmes sont maintenant plus nombreuses dans ce métier – même si elles ont mis longtemps avant de se l'approprier – et elles sont unanimes pour dire que la réaction des clients (et clientes) est enthousiaste face à la féminisation de la profession, ce que j'avais pour ma part déjà remarqué à l'époque. Elles ont un rôle à jouer dans l'évolution du métier car, selon certains professeurs, elles y apporteraient plus d'empathie vis-à-vis des clients, plus de prudence aussi dans leur pratique. Elles seraient davantage capables de renoncer face à de mauvaises conditions, au contraire des hommes, trop fiers pour reculer, car elles appréhendent le risque avec quelquefois plus de lucidité et de capacité à dire non…

Le métier de guide de haute montagne est actuellement en pleine évolution, à un moment où il risque de se faire tronçonner en « sous-diplômes » qui vont amputer la profession de son essence même. J'espère que ce métier gardera encore tout ce qui faisait son attrait au moment où j'ai passé le diplôme : un espace de liberté dans une nature encore sauvage et qui conférait au guide une responsabilité humaine. Son champ d'action diminue peu à peu face aux innombrables réglementations qui l'encadrent. La nature devient de moins en moins sauvage et le changement climatique est en train de modifier complètement les conditions de la haute montagne, avec des glaciers qui fondent et un dégel en altitude qui fait s'écrouler bon nombre de faces. L'attente des clients évolue également : ils veulent souvent grimper des sommets prestigieux comme le mont Blanc, des 4000 ou plus, ce qui entraîne une surfréquentation de ces lieux. J'espère que les guides de haute montagne arriveront à garder leur place et resteront les garants d'une pratique de « la Montagne » libre, prudente, responsable, et engagée dans la protection de la nature.

Enfin, j'ai eu à cœur de faire part de mon témoignage de mère de famille car j'ai eu ce rôle à jouer dès les premières années de ma vie d'alpiniste. J'ai dû alors trouver un équilibre car je ne voulais ni sacrifier la passion qui nous animait avec J.-J. et qui faisait partie de nos personnalités et de notre envie de vivre, ni me priver du bonheur de voir grandir et s'épanouir nos enfants. Alors qu'ils grandissaient, nous avons voulu partager avec eux de plus en plus notre vie en montagne, les valeurs que cela impliquait et toutes les activités que nous aimions. Ils ont été imbibés de toutes nos années où la pratique de « la

Montagne» réglait en grande partie notre vie. Petit à petit, j'ai choisi de laisser de côté les grandes courses qui exigeaient un gros entraînement, beaucoup de disponibilité et nous faisaient courir des risques importants. L'escalade a été alors un moyen de continuer à vivre notre passion, intégrant nos enfants à nos voyages et à nos activités en privilégiant ainsi notre vie de famille. Cela continuera tant que nous le pourrons avec nos petits-enfants à qui il était important que nous léguions, ainsi qu'à nos proches, un écrit de tout ce qui a constitué notre vie.

« LA MONTAGNE »,
texte d'une chanson composée par Jonathan

Et mon pied retape le sol,
Un pas de plus dans la neige molle
À l'aube d'été, à l'aube d'été.
Un pas de plus vers le sommet,
Un pas de plus vers la gaieté,
Vers la fierté, vers la fierté,
La fierté d'avoir été, juste là-haut,
Sur ses deux pieds, sur ses deux pieds.
Et d'avoir tenu éloigné les éléments,
Tout juste assez, tout juste assez,
Pour pouvoir s'échapper.

Et si soudain, sous un ciel d'étoiles,
L'envie me prend de ne pas redescendre.
Et si cette nuit, dans le noir, j'égare
La piste de retour, par amour.

Les montagnes, c'est comme les femmes,
Dans leurs robes matinales,
Elles me dévisagent. Je les envisage.
Elles ont le mystère du détail.
Dorment les glaciers en éventail,
Dans leurs voyages, dans mes voyages.

Pourtant la brise froide dessine des ombres,
Des ombres de peur quand les corps tombent.
« Ce n'est pas pour moi, ce n'est pas pour moi. »
Mais si d'avoir trop gravi
La montagne, un jour, me punit,

Me punit, me punit…
de ne pas rester dans mon lit.

Et si soudain, sous un ciel d'étoiles,
L'envie me prend de ne pas redescendre.
Et si cette nuit, dans le noir, j'égare,
La piste de retour, par amour.

Quand s'étalent les nuages sur les crêtes du mont Blanc,
Les bourrasques m'emballent dans leurs ballets entraînants.
Je crois voir quelques traces dans la neige battue par le vent,
Les Terriens ne vivent pas là, ils passent, pressés par le temps.

Premier de cordée, une femme vous suit.
Sur son sourire un air ravi, un air ravi.
Dans la vallée, pour vous elle prie,
Par amour, de vous voir revenir,
Par jalousie, de ne pas repartir.
Jalouse de ces belles montagnes,
Qui tous les jours vous accompagnent,
Vous accompagnent, vous accompagnent.
Un jour ou l'autre l'un des deux craque
De la famille ou des séracs
Ou des séracs, ou des séracs…

« Mais où as-tu dormi ? »

Alors soudain, sous un ciel d'étoiles,
L'envie me prendra de ne pas redescendre.
Et si cette nuit la montagne me garde
Sans piste de retour, par amour…

Table des matières

Dans la même collection « Hommes et Montagnes » :

Jean-Michel Asselin, *L'Irrésistible Ascension de Sonam Sherpa*
Jean-Michel Asselin, *Nouvelles Chroniques des hauteurs*
Jean-Michel Asselin, *Patrick Berhault : un homme des cimes*
Cyril Azouvi, *Une année en haut*
Yves Ballu, *La Conjuration du Namche Barwa*
Yves Ballu, *Les Alpinistes*
Yves Ballu, *L'Impossible Sauvetage de Guy Labour*
Yves Ballu, *Mourir à Chamonix*
Yves Ballu, *Naufrage au mont Blanc*
Patrick Berhault, *Encordé mais libre*
Odette Bernezat, *Que la montagne est belle !*
Toni Bernos, *Les Prisonniers de l'inutile*
Stéphanie Besson, *Trouver refuge*
Philippe Bonhème, *Yannick Seigneur, l'iconoclaste*
Émilie Brouze et Bérénice Rocfort-Giovanni, *L'Hiver en Himalaya – L'ultime défi*
Tommy Caldwell, *Push ! La Vie au bout des mains*
Emmanuel Cauchy, *Docteur Vertical*
Emmanuel Cauchy, *Médecin d'expé*
Emmanuel Cauchy, *Les Chroniques du Docteur Vertical – Intégrale*
Gilles Chappaz, *En solo*
Gilles Chappaz, *Bruno Kauffmann, Le jour J.O.*
Stefan Cieslar, *Au bout de la corde, la vie, la mort*
Collectif, *Dictionnaire thématique des Alpes*
André Demaison, *Les Diables des volcans – Maurice et Katia Krafft*
Denis Ducroz, *Le Pont de neige*
Véronique El Baze, *Christine Janin – Dame de pics et femme de cœur*
Cathy Feray, *Cristallier*
Fernando Ferreira, *L'Alpiniste errant*
Claude Gardien, *Les Nouveaux Alpinistes*
Alain Ghersen, *Risque et alpinisme*
Alessandro Gogna et Alessandra Raggio, *Cordées célèbres*
Bernard Gorgeon, *Une vie à grimper*
Gérard Guerrier, *Alpini*
Horst Höfler, *Hermann Buhl*
Jean-Yves Le Meur, *Faux pas*
Djalla-Maria Longa, *Mon enfance sauvage*
Djalla-Maria Longa, *Terre courage*
Claude Marthaler, *Voyages sellestes*
Reinhold Messner, *Le Sur-Vivant*
Reinhold Messner, *Yeti, du mythe à la réalité*
Gilles Modica, *Destin d'alpinistes*
Greg Mortenson, *Trois tasses de thé*
François Nicard, *Secours en immersion*
Louis Oreiller, *Irene Borgna, Là où l'horizon est plat, je ne tiens pas*
Emmanuel Ostian, *Le Pourri*
Marcel Pérès, *Lionel Terray, l'inoubliable conquérant*
Rainer Rettner, *Triomphe et tragédies à l'Eiger*
Françoise Rey, *Crashs au Mont-Blanc*
Isabelle Scheibli, *Le Roman de Gaspard de la Meije*
Roberto Serafin, *Walter Bonatti, de l'homme au mythe*
François Suchel, *Liberté, foulées, fraternité*
Joe Simpson, *Aventures en paroi*
Joe Simpson, *Encordé avec des ombres*
Joe Simpson, *La Dernière Course*
Joe Simpson, *La Mort suspendue*
Joe Simpson, *Le Bruit de la chute*
Mirella Tenderini, *K2*
Mélanie Valier, *Et si tout s'arrêtait là ?*
Mélanie Valier, *Reprends ton souffle*
Beck Weathers, *Laissé pour mort à l'Everest*

Achevé d'imprimer en Espagne en juin 2021 par Liberduplex,
sur papier provenant de forêts gérées de manière durable.